本书为天津社会科学院 2019 年度院重点课题项目(19YZD－11)研究成果
并由天津社会科学院 2021 年度出版资助项目资助出版

高质量发展视域下环境治理问题研究

理论、实践与政策

席艳玲 ◎ 著

天津社会科学院出版社

图书在版编目（CIP）数据

高质量发展视域下环境治理问题研究 ： 理论、实践
与政策 / 席艳玲著. -- 天津 ： 天津社会科学院出版社，
2023.3

ISBN 978-7-5563-0875-0

Ⅰ．①高… Ⅱ．①席… Ⅲ．①环境综合整治－研究－
中国 Ⅳ．①X321.2

中国国家版本馆 CIP 数据核字（2023）第 039476 号

高质量发展视域下环境治理问题研究：理论、实践与政策
GAO ZHILIANG FAZHAN SHIYU XIA HUANJING ZHILI WENTI YANJIU ：
LILUN、SHIJIAN YU ZHENGCE

责任编辑：杜敬红
责任校对：王 丽
装帧设计：高馨月
出版发行：天津社会科学院出版社
地 址：天津市南开区迎水道 7 号
邮 编：300191
电 话：（022）23360165
印 刷：高教社（天津）印务有限公司
开 本：787×1092 1/16
印 张：15.25
字 数：228 千字
版 次：2023 年 3 月第 1 版 2023 年 3 月第 1 次印刷
定 价：78.00 元

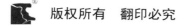

前　言

改革开放以来,中国经济社会发展取得了举世瞩目的巨大成就,2020 年国内生产总值(GDP)首次实现了百万亿元的历史性突破,2022 年 GDP 达到 121.02 万亿元,是 1978 年 GDP 的 329 倍。与此同时,中国经济发展所面临的资源环境约束日趋突出,《bp 世界能源统计年鉴 2022》显示,2021 年中国化石能源消耗所产生的碳排放量为 105.23 亿吨二氧化碳当量,首度超过 100 亿吨,中国经济高质量发展依然面临严峻的能源环境挑战。

党的十八大以来,中国共产党领导中国人民确立了包括绿色发展在内的新发展理念,大力推进生态文明建设,我国生态环境保护发生了历史性、转折性、全局性变化。坚持绿色发展是坚持人民主体地位和落实以人民为中心的发展思想的重要体现,是发展观的一场深刻革命,是新时代推动中国经济高质量发展的必然要求,也是我们在新阶段通向全面建成社会主义现代化强国的必由之路。2020 年 9 月 22 日,国家主席习近平在第七十五届联合国大会一般性辩论上发表重要讲话,向全世界郑重宣布:"中国将提高国家自主贡献力度,采取更加有力的政策和措施,二氧化碳排放力争于 2030 年前达到峰值,努力争取 2060 年前实现碳中和。"明确碳达峰碳中和两个目标是中国对国际社会的庄严承诺,也清晰有力地表明了中国推动绿色发展的决心和信心。

环境治理是生态环境保护的具体体现,绿色治理是环境治理的新阶段,是践行绿色发展理念的具体方式,是以实现高质量绿色发展为目标的绿色技术、治理工具以及治理制度体系的统一体和动态过程。本研究在中国特色社会主义进入新时代及中国经济转向高质量发展新阶段的背景下，按照理论与实践相结合、一般经验与特色做法相结合的原则，从理论和实践两大维度和国际、中国整体以及地区三个层面开展定量和定性研究，以期在根植中国社会、立足中国经济高质量发展的现实需要的基础上，总结学习一般规律，兼收并蓄、充分汲取其他国家和地区的优秀经验，探索推动绿色治理、践行绿色发展理念、丰富完善经济高质量发展的中国方案。

本书主要内容除了导论之外，大体上分为理论、实践和政策三部分。理论部分主要包括对高质量发展、绿色治理等核心概念的界定，对绿色发展理论基础及微观机理的探讨，对环境库兹涅茨曲线的检验。实践部分主要包括对环渤海地区工业增长与环境污染脱钩关系的分析；对京津冀13个城市温室气体与大气污染物协同治理的评价分析；对天津市绿色发展的总结、形势分析和思考。政策部分包括政策总结、政策借鉴、政策探讨三个方面，以期对推动实际工作能够贡献微薄之力。

本书是作者主持的天津社会科学院重点课题"新时代高质量发展目标下的环境治理研究"的研究成果。在课题研究过程中，得到了院内多位资深专家的悉心指导，也得到了多位青年学者的大力帮助，在此一并表示衷心感谢！

如何通过绿色治理加快中国经济高质量发展步伐？这是一个知行并进的理论与实践问题，需要持续进行理论创新和实践创新，实现两者的良性互动。本书在推动绿色发展理论创新和实践创新方面做了一些工作，然而限于作者的水平和精力，很多议题尚未充分展开，相关思考也有待更加充分地论证，以使理论更加严谨、政策建议更具有可操作性。高质量绿色发展已经成为时代发展的主题，也是需要学术界长期研究、不断深化认识水平的重大时代课题，本书仅作为抛砖引玉之作，敬请各位专家学者批评指正！

目　　录

第一章 导 论

　　党的十九大报告指出,经过长期努力,中国特色社会主义进入新时代①,这是我国发展新的历史方位。站在新的历史起点上,我国经济由高速增长阶段转向高质量发展阶段,高质量发展是对传统上粗放型高速增长模式的摒弃,兼顾经济增长与环境保护是其内在的必然要求,这在客观上也要求我们持续深化对经济发展观、环境治理观以及两者关系的认识。作为本书的开篇部分,本章旨在阐述选题的时代背景以及研究意义,并对研究思路、研究方法以及创新点予以介绍。

第一节　选题背景与研究意义

　　新时代我国面临新的社会主要矛盾,进入了新的发展阶段,确立了新的发展目标,对各项工作提出了新的要求,时代发展呼唤经济社会发展的深刻变革,绿色发展理念应运而生。在新时代推进经济高质量发展的总体目标下,对绿色发

---

　　①　习近平:《决胜全面建成小康社会　夺取新时代中国特色社会主义伟大胜利——在中国共产党第十九次全国代表大会上的报告》(2017 年 10 月 18 日),人民出版社,2017,第 10 页。

展和环境治理进行系统研究，一方面旨在丰富完善绿色发展和环境治理理论；另一方面旨在推动具体的实践活动，积极促进实现理论创新与实践创新的良性互动。

一、实现高质量绿色发展是新时代的新要求

良好的生态环境是人们生存和追求美好生活的基础，发展是实现现代化、不断提升人民幸福感的基本途径，从本质上看，二者具有高度的一致性。进入新时代，我国在取得一系列举世瞩目成就的同时，也面临着传统发展动力衰竭、资源环境承载力接近极限、经济高速增长不可持续等制约进一步发展的重大问题。党的十八大以来，我国环境治理力度不断加大，环境质量持续改善，但环境问题仍是较不满意的社会病症之一。党的十九大报告指出，"我国经济已由高速增长阶段转向高质量发展阶段"①，但"发展质量和效益还不高"，"生态环境保护任重道远"②，经济发展的新阶段对环境治理提出了更高的要求。总的来看，绿色发展理念的形成，既是加快转变经济发展方式的需要，也是新时代满足人民群众对美好生活追求的需要，还是我们实现社会主义现代化建设的内在要求。

（一）加快转变经济发展方式的要求

改革开放之初，在生产力水平相对较低的客观条件下，我们通过改革逐渐激发各类生产要素和市场主体的活力，经济开始走上快速增长轨道，但受主客观条件限制也形成了主要依靠要素资源投入、突出强调"快"的粗放型经济增长方式。这种增长方式对于我们用尽可能短的时间摆脱生产力落后的状况起到了积极作用。从 1978 年到 1993 年，我国 GDP 从 3678.7 亿元增加至 35673.2 亿元③，年均增长 15.59%，经济规模扩大近 10 倍。然而，在追求"快"的过程中，不少地区和城市形成并延续了以牺牲资源和环境为代价的要素投入驱动型增长路径，经济

---

① 习近平：《决胜全面建成小康社会 夺取新时代中国特色社会主义伟大胜利——在中国共产党第十九次全国代表大会上的报告》（2017 年 10 月 18 日），人民出版社，2017，第 30 页。
② 习近平：《决胜全面建成小康社会 夺取新时代中国特色社会主义伟大胜利——在中国共产党第十九次全国代表大会上的报告》（2017 年 10 月 18 日），人民出版社，2017，第 9 页。
③ 数据来源：中经网统计数据库，访问时间：2022 年 9 月 29 日。

快速增长的背后是自然资源的过度消耗和生态环境遭受了严重破坏,由此带来了资源和环境问题。

伴随着生产力水平的提升,人们的认识水平不断深化,逐渐认识到传统的粗放型经济增长方式具有高投入、高消耗、高污染、低效益等特征,增长难以为继,应予以摒弃。1995 年 9 月,党的十四届五中全会审议并通过的《中共中央关于制定国民经济和社会发展"九五"计划和 2010 年远景目标的建议》明确提出:"实现'九五'和 2010 年的奋斗目标,关键是实行两个具有全局意义的根本性转变,一是经济体制从传统的计划经济体制向社会主义市场经济体制转变,二是经济增长方式从粗放型向集约型转变,促进国民经济持续、快速、健康发展和社会全面进步。"①对于实现第二个转变,党的十四届五中全会提出:"要靠经济体制改革,形成有利于节约资源、降低消耗、增加效益的企业经营机制,有利于自主创新的技术进步机制,有利于市场公平竞争和资源优化配置的经济运行机制。"②可见,当时中央已经正式开始探索经济增长方式的转变,并将转变经济增长方式与节约资源、降低消耗等与生态环境密切相关的内容结合起来。

经济增长方式的转变非一朝一夕之功,转变过程及转变速度都与生产力水平和经济所处发展阶段密切相关。进入 21 世纪后,2000 年时我国 GDP 首次突破 10 万亿元大关,达到 100280 亿元,生产力落后的状况已经得到显著改善,但资源环境矛盾也日趋凸显。2001 年底,我国成功加入世界贸易组织,是我们改革开放进程中的一个重要里程碑,对于进一步激发经济活力尤其是发展开放型经济带来了崭新机遇。表 1-1 显示,从 2001 年到 2007 年,我国 GDP 从 11.09 万亿元迅速增加至 27.01 万亿元,年均增长 15.59%;与此同时,能源消费总量从 155547 万吨标准煤增加至 311442 万吨标准煤,年均增长 12.27%,年均增速均在 8.5% 以上。根据英国石油公司 2020 年 6 月发布的《bp 世界能源统计年鉴

---

① 《中国中央关于制定国民经济和社会发展"九五"计划和 2010 年远景目标的建议》,载《中国共产党第十四届中央委员会第五次全体会议文件》,人民出版社,1995,第 34 页。

② 《中国中央关于制定国民经济和社会发展"九五"计划和 2010 年远景目标的建议》,载《中国共产党第十四届中央委员会第五次全体会议文件》,人民出版社,1995,第 36 页。

2020》，2001 年至 2007 年，中国使用化石能源产生的二氧化碳排放量从 35.23 亿吨增加至 72.40 亿吨，年均增长 12.75%。不难看出，这一阶段经济快速增长的背后是资源环境问题的日趋严峻。2007 年 10 月，党的十七大报告指出，发展所面临的突出问题之一即是"经济增长的资源环境代价过大"[1]，并指出当前阶段的特征之一是"长期形成的结构性矛盾和粗放型增长方式尚未根本改变"[2]。针对这种情况，党的十七大报告提出"必须坚持全面协调可持续发展"[3]，经济发展与人口资源环境相协调是其中的重要内容。党的十七大报告还明确提出"加快转变经济发展方式，推动产业结构优化升级"[4]，把此作为关系国民经济全局紧迫而重大的战略任务，这也标志着中央正式启动对加快转变经济发展方式的战略部署。2007 年之后，能源消费量的增速较前一阶段有所放缓，2008 年和 2009 年分别同比增长 2.94% 和 4.84%，但 2010 年和 2011 年则回升至 7.30% 和 7.32%，到 2012 年能源消费总量突破 40 亿吨标准煤，达到 402138 万吨标准煤；BP 统计的石化能源产生的二氧化碳排放在 2012 年也进一步增加至 90.01 亿吨。总的来看，资源环境对经济发展的约束在这一阶段有所加剧。

---

[1] 胡锦涛：《高举中国特色社会主义伟大旗帜　为夺取全面建设小康社会新胜利而奋斗——在中国共产党第十七次全国代表大会上的报告》(2007 年 10 月 15 日)，人民出版社，2007，第 5 页。
[2] 胡锦涛：《高举中国特色社会主义伟大旗帜　为夺取全面建设小康社会新胜利而奋斗——在中国共产党第十七次全国代表大会上的报告》(2007 年 10 月 15 日)，人民出版社，2007，第 13 页。
[3] 胡锦涛：《高举中国特色社会主义伟大旗帜　为夺取全面建设小康社会新胜利而奋斗——在中国共产党第十七次全国代表大会上的报告》(2007 年 10 月 15 日)，人民出版社，2007，第 15 页。
[4] 胡锦涛：《高举中国特色社会主义伟大旗帜　为夺取全面建设小康社会新胜利而奋斗——在中国共产党第十七次全国代表大会上的报告》(2007 年 10 月 15 日)，人民出版社，2007，第 22 页。

表 1－1 2000—2019 年中国 GDP、能源消费总量及构成

年份	国内生产总值（亿元）	能源消费总量（万吨标准煤）	所占比重（%）			
			煤炭	石油	天然气	一次电力及其他能源
2000	100280.1	146964	68.5	22.0	2.2	7.3
2001	110863.1	155547	68.0	21.2	2.4	8.4
2002	121717.4	169577	68.5	21.0	2.3	8.2
2003	137422.0	197083	70.2	20.1	2.3	7.4
2004	161840.2	230281	70.2	19.9	2.3	7.6
2005	187318.9	261369	72.4	17.8	2.4	7.4
2006	219438.5	286467	72.4	17.5	2.7	7.4
2007	270092.3	311442	72.5	17.0	3.0	7.5
2008	319244.6	320611	71.5	16.7	3.4	8.4
2009	348517.7	336126	71.6	16.4	3.5	8.5
2010	412119.3	360648	69.2	17.4	4.0	9.4
2011	487940.2	387043	70.2	16.8	4.6	8.4
2012	538580.0	402138	68.5	17.0	4.8	9.7
2013	592963.2	416913	67.4	17.1	5.3	10.2
2014	643563.1	428334	65.8	17.3	5.6	11.3
2015	688858.2	434113	63.8	18.4	5.8	12.0
2016	746395.1	441492	62.2	18.7	6.1	13.0
2017	832035.9	455827	60.6	18.9	6.9	13.6
2018	919281.1	471925	59.0	18.9	7.6	14.5
2019	986515.2	487488	57.7	19.0	8.0	15.3
2020	1015986.2	498000	56.8	18.9	8.4	15.9

数据来源：国家统计局编：《中国统计年鉴2021》，中国统计出版社，2021。

党的十九大指出，中国特色社会主义进入了新时代。这一重大变化的一个

基本前提是经过改革开放的发展,我国的生产力水平得到了极大提升,2012 年 GDP 首度突破 50 万亿元,达到 53.86 万亿元,当年的人均 GDP 按美元算首次超过了 6000 美元,标志着我国经济开始步入中等收入阶段。在新的历史方位下,经济发展方式的转变明显提速,经济增长与环境保护的矛盾有所缓解。2012 年以来,能源消费量的增速一直在 4% 以内,2015 年和 2016 年还一度低于 2%,增速较此前明显放缓。尽管如此,经济发展与资源环境之间的矛盾依然十分突出,尚未实现两者之间的协调平衡。

2020 年我国能源消费总量达到 498000 万吨标准煤,能源消费结构较十年前有明显优化,煤炭所占比重自 2018 年开始低于 60%,2020 年为 56.8%;一次电力(水电、核电、风电)及其他能源所占比重自 2012 年保持了持续稳定增长,2013 年所占比重突破 10%,到 2020 年达到 15.9%。然而,以不可再生化石能源为主的能源结构远未得到根本性改变,依然占据绝对主导地位。根据自然资源部所编《中国矿产资源报告 2020》,2019 年我国原煤产量为 38.5 亿吨,消费量为 39.3 亿吨;石油产量为 1.91 亿吨,消费量为 6.5 亿吨;天然气产量为 1761.7 亿立方米,表观消费量为 3058 亿立方米。根据国家统计局所编《中国统计年鉴 2020》,2019 年煤炭、石油、天然气的查明储量分别为 17182.6 亿吨、35.5 亿吨和 59665.8 亿立方米,按 2019 年的产量分别可供开采生产 446.3 年、18.6 年和 33.9 年,按消费量计算时间均更短。显然,能源尤其是石油和天然气供需矛盾依然十分突出。与此同时,我国经济发展面临的碳排放问题也十分严峻,根据联合国环境规划署 2020 年 12 月发布的《排放差距报告 2020》,2010—2019 年中国的温室气体排放量占全球排放量的 26%,2019 年中国温室气体排放量为 140 亿吨二氧化碳当量,占全球排放总量(不含土地利用变化带来的排放)的 26.7%。[①]能源环境对我国经济发展的约束仍在强化,加快转变经济发展方式依然是重要而紧迫的任务,走绿色发展道路是推动经济持续健康发展的可行之路,也是必然

① United Nations Environment Programme(UNEP). *The Emissions Gap Report* 2020. Nairobi. https://www.unep.org/emissions-gap-report-2020.

选择。

（二）满足人民对美好生活需要的要求

改革开放以来，伴随着经济的持续快速发展，居民收入不断增加，生活水平显著提高，人民群众需要从解决温饱为主到追求美好生活，逐渐形成了对绿色发展的内在需求。

改革开放之初的1978年，我国GDP为3645.2亿元，人均GDP为381元，城镇居民人均可支配收入为343.4元，农村居民人均纯收入仅为133.6元，无论经济发展水平还是居民收入水平都比较低下；居民有限的可支配收入，也主要用于食物方面的消费支出，城镇居民和农村居民的恩格尔系数分别为0.575和0.677。[①] 当时即便将收入主要用于食品消费支出，还有大量连温饱问题都没有解决的贫困人口。国家统计局住户调查办公室于2018年9月发布了《扶贫开发成就举世瞩目 脱贫攻坚取得决定性进展——改革开放40年经济社会发展成就系列报告之五》，该报告显示，按当年价现行农村贫困标准衡量，1978年末农村贫困发生率为97.5%，以乡村户籍人口作为总体推算，农村贫困人口规模达7.7亿人。1981年6月召开的党的十一届六中全会，将社会主义初级阶段的主要矛盾确定为"人民日益增长的物质文化需要同落后的社会生产之间的矛盾"[②]，对主要矛盾的这一表述反映了人民群众对发展生产力、提高生活水平的迫切需要。

经过近四十年的发展，到2017年全国GDP达到832035.9亿元，人均GDP达到60014元，城镇居民人均可支配收入和农村居民人均纯收入分别达到36396元和12668元，分别是1978年的228.3倍、157.5倍、106倍和94.8倍；与此同时，城镇居民和农村居民的恩格尔系数分别下降至0.286和0.312，居民支出结

---

① 数据来自国家统计局：《新中国六十五年数据表》，国家统计局网站，http://www.stats.gov.cn/ztjc/ztsj/201502/P020150212308266514561.pdf

② 《中国共产党中央委员会关于建国以来党的若干历史问题的决议》，人民出版社，1981，第54页。

构更加丰富化、多元化。① 伴随着这些发展成就，人民的物质文化需求基本上得到了满足，对优美生态环境的需要则日趋凸显。何爱平等人研究认为，中国经济持续四十年的高速增长引发了需求结构升级，新时代下人们对优质生态产品和美好环境的需求日益迫切。② 中国社会科学院工业经济研究所与《中国经济学人》杂志在 2017 年 12 月开展的一项调查结果显示：87.65% 的经济学人都认为与改革开放之前相比，中国物质文化有显著提升；54.32% 的经济学人认为中国环境较改革开放前下降了，而认为环境得到改善的经济学人仅有 37.04%。③

在新的时代背景下，党的十九大报告指出："中国特色社会主义进入新时代，我国社会主要矛盾已经转化为人民日益增长的美好生活需要和不平衡不充分的发展之间的矛盾。"④这一新论断客观反映了人民群众的需要已经从"物质文化"升级为"美好生活"。美好生活需要的内涵非常丰富，党的十九大报告也指出："人民美好生活需要日益广泛，不仅对物质文化生活提出了更高要求，而且在民主、法治、公平、正义、安全、环境等方面的要求日益增长。"⑤学术界对美好生活的内涵也有解读，比如：秦宇、李钢认为，美好生活不仅是硬需求的改善，人们更加向往的是更好的教育与医疗、更满意的收入、更舒适的住房、更稳定的就业、更优

---

① GDP 和人均 GDP 数据来自国家统计局编《中国统计年鉴 2020》，城镇居民可支配收入以及恩格尔系数的数据来自 2018 年 2 月 28 日国家统计局发布的《中华人民共和国 2017 年国民经济和社会发展统计公报》。对于农村居民的收入，2014 年之前国家统计局采用的指标为农村居民人均纯收入，2014 年开始采用农村居民人均可支配收入，2014 年和 2015 年所公布的数据同时包括了 2 项指标（2014 年农村居民人均可支配收入和人均纯收入分别为 10489 元和 9892 元，后者是前者的 94.31%；2015 年农村居民人均可支配收入和人均纯收入分别为 11422 元和 10772 元，后者也是前者的 94.31%），自 2016 年起不再公布农村居民人均纯收入数据，因此这里 2017 年的农村居民纯收入数据根据当年的农村居民可支配收入（13432 元）乘以 0.9431 估算得出。

② 何爱平、李雪娇等：《习近平新时代绿色发展的理论创新研究》，《经济学家》2018 年第 6 期。

③ 秦宇、李钢：《经济学人对改革开放 40 年成就与问题的判断——基于〈中国经济学人〉调查问卷的分析》，《经济与管理研究》2018 年第 11 期。

④ 习近平：《决胜全面建成小康社会　夺取新时代中国特色社会主义伟大胜利——在中国共产党第十九次全国代表大会上的报告》（2017 年 10 月 18 日），人民出版社，2017，第 11 页。

⑤ 习近平：《决胜全面建成小康社会　夺取新时代中国特色社会主义伟大胜利——在中国共产党第十九次全国代表大会上的报告》（2017 年 10 月 18 日），人民出版社，2017，第 11 页。

美的环境和更加自由的发展空间。① 赵连君认为,"美好生活"是一个极具包容性的概念,提供了人的不同生活领域的全面性、完整性需要满足的可能性。② 由此可见,美好生活需要包括了对优美生态环境的需要。

优美生态环境至少可以从两个方面满足人民群众的美好生活需要。一方面,优美的生态环境有利于保障食品安全、增进物质福祉。诸如大气污染、水源污染、土壤污染等环境污染问题已经严重威胁到食品安全,解决这些环境问题是提升食品安全的必要条件,有利于满足人民群众从"吃得饱"到"吃得好"的需求升级,直接增进人民群众的物质福祉。另一方面,优美的生态环境可以从体验和感知层面提升人民的幸福感。美本身是一种价值,环境的改善可以给人们带来愉悦的心情,进而有利于增进身心健康,身心健康又是幸福感的重要保障。

(三)全面建设社会主义现代化的要求

2013 年 11 月 12 日,党的十八届三中全会通过《中共中央关于全面深化改革若干重大问题的决定》,明确指出:"全面深化改革的总目标是完善和发展中国特色社会主义制度,推进国家治理体系和治理能力现代化。"③国家治理体系和治理能力现代化,被称为是继工业现代化、农业现代化、国防现代化、科学技术现代化"四个现代化"之后的"第五个现代化",进一步丰富完善了社会主义现代化的内涵。

中央提出推进国家治理体系和治理能力现代化,是在全面深化改革这一新的时代背景下,全面深化改革涵盖经济、政治、文化、社会、生态文明、党的建设等领域,生态文明治理体系和治理能力现代化是国家治理体系和治理能力现代化的题中之义。生态文明治理,核心是处理好人与自然的关系,党的十九大报告在"加快生态文明体制改革,建设美丽中国"部分指出"我们要建设的现代化是人与

---

① 秦宇、李钢:《经济学人对改革开放 40 年成就与问题的判断——基于〈中国经济学人〉调查问卷的分析》,《经济与管理研究》2018 年第 11 期。
② 赵连君:《"美好生活"的价值意涵》,《新长征》2021 年第 5 期。
③ 《中共中央关于全面深化改革若干重大问题的决定》,人民出版社 2013 年版,第 3 页。

自然和谐共生的现代化"①。2019 年 10 月 31 日,党的十九届四中全会通过《中共中央关于坚持和完善中国特色社会主义制度、推进国家治理体系和治理能力现代化若干重大问题的决定》,进一步明确"坚持和完善生态文明制度体系,促进人与自然和谐共生"。走绿色发展道路,是促进人与自然和谐共生的内在要求,是推进国家治理体系和治理能力现代化的内在要求,也是全面建设社会主义现代化的内在要求。

二、研究意义

从理论层面看,目前高质量发展、绿色发展及绿色治理的理念已经形成,对它们各自的理论内涵以及相互关系的认识需要进一步深化,目前尚缺乏系统性的理论研究。绿色治理内在要求推动能源转型,需要进一步论证能源转型的微观基础和模式选择;绿色治理包括绿色生产和绿色生活两大领域,绿色生产的核心在工业领域,需要推动工业增长与环境污染的脱钩;应对气候变化和改善空气质量是中国生态环境问题面临的两大突出任务,也是推动绿色治理要达到的目标,两者之间协同治理的绩效如何以及如何进一步推动协同治理,也值得深入探讨。本书旨在对高质量发展下的环境治理问题开展系统性研究,主要包括对高质量绿色发展的理论基础与微观机理的分析论证,对环境库兹涅茨曲线是否存在、工业增长与环境污染是否脱钩进行实证检验,对京津冀生态环境协同治理的效果开展定量评价。

从应用层面看,核心是要把高质量发展、绿色治理理念转变为具体的政策措施,统筹推动经济发展和环境保护工作。通过对理论分析和实证研究得出政策启示,通过对天津市绿色发展实践的聚焦分析,通过系统回顾总结中国环境治理政策、对国外代表性经验做法的总结借鉴,以及对新时代绿色治理政策的思考,共同的目的在于更好地推进绿色治理,迈向高质量绿色发展,这些研究具有较强的应用价值。

---

① 习近平:《决胜全面建成小康社会 夺取新时代中国特色社会主义伟大胜利——在中国共产党第十九次全国代表大会上的报告》(2017 年 10 月 18 日),人民出版社,2017,第 50 页。

第二节 相关文献综述

一、关于习近平生态文明思想

在新的时代背景下,习近平总书记将他在地方工作时对生态文明建设的理论思考进一步拓展和升华,提出推进生态文明建设"六项原则"、构建生态文明"五大体系"、全面推动绿色发展等一系列新论断,并结合新时代生态文明建设实践需要,形成了包括生态价值观、发展观、认识论、实践论和方法论等在内的生态文明思想。学术界对习近平生态文明思想的研究主要从其形成基础、理论内涵以及时代价值等角度展开。

形成基础方面,孙永平认为,习近平生态文明思想有其产生的特定时代背景和现实环境,同时与中国面临的独特环境问题有关。① 叶琪、黄茂兴分析了习近平生态文明思想形成的根基,认为是以人类文明与生态的兴衰变化为历史根基,以中国古代哲学和马克思主义生态思想为理论根基,以习近平本人长期的地方环保工作为实践根基,以适应人的需求变化动态提升为创新根基。②

理论内涵方面,段蕾、康沛竹认为,习近平生态文明思想从生态生产力角度、民生福祉角度和人类文明角度进行了深刻的理论阐释。③ 潘加军和刘焕明认为,习近平生态文明思想中的环境保护理念从"人与自然是生命共同体""良好的生态产品是最普惠的民生福祉"和"生态环境保护利在当代、功在千秋"三个维度阐发环境保护理念的创新发展,提出坚持以人民为中心的价值取向、推动生态民主

---

① 孙永平:《习近平生态文明思想对环境经济学的理论贡献》,《南京社会科学》2019 年第 3 期。
② 叶琪、黄茂兴:《习近平生态文明思想的深刻内涵和时代价值》,《当代经济研究》2021 年第 5 期。
③ 段蕾、康沛竹:《走向社会主义生态文明新时代——论习近平生态文明思想的背景、内涵与意义》,《科学社会主义》2016 年第 2 期。

广泛参与、推进国家生态治理体系与治理能力现代化、建立健全生态文明制度体系的实践路径,是中国特色的环境话语体系和解决全球环境问题的中国方案与中国智慧。① 王旭认为,习近平生态文明思想蕴含着丰富的环境治理现代化内涵,而环境治理观念现代化是推进环境治理现代化的思想基础。②

对于习近平生态文明思想的内容,李玉祥认为,包含和谐自然观、绿色发展观、生态民生观、生态系统观、生态法治观和全球生态观六个方面的基本内容。③这六个方面实际上分别对应了习近平总书记2018年5月在全国生态环境保护大会上发表重要讲话中提出的"六项原则":一是坚持人与自然和谐共生;二是绿水青山就是金山银山;三是良好生态环境是最普惠的民生福祉;四是山水林田湖草沙是生命共同体;五是用最严格制度最严密法治保护生态环境;六是共谋全球生态文明建设。

二、关于环境质量与经济发展的关系

环境质量与经济发展的关系,既是一个重大的现实问题,也是学术界长期关注的一个重大理论问题。1991年,美国普林斯顿大学环境经济学家格罗斯曼和克鲁格(Grossman & Krueger)在研究北美自由贸易区对环境的影响时,利用42个国家的城市区域横断面数据来研究空气质量与经济增长之间的关系,研究发现,对于二氧化硫和"烟"两种污染物而言,在国民收入水平较低的情况下,其浓度随人均GDP的增加而增加,而在收入水平较高的情况下,其浓度随GDP的增长而降低。④ 格罗斯曼和克鲁格的这一研究,在实际上已经描述出了经济增长与环境污染之间存在"倒U"形关系。1993年,帕那尤(Panayotou)借用库兹涅茨1955年界定的人均收入与收入不均等之间的"倒U"型曲线,首次将环境质量与人均收

---

① 潘加军、刘焕明:《环境保护理念:历史演进、创新发展与实践路径》,《求索》2019年第4期。

② 王旭、秦书生:《习近平生态文明思想的环境治理现代化视角阐释》,《重庆大学学报(社会科学版)》2021年第1期。

③ 李玉祥:《习近平生态文明思想的理论内涵与实践路径研究》,《北京林业大学学报(社会科学版)》2021年第1期。

④ Grossman and Krueger (1991) *Environmental Impacts of a North America Free Trade Agreement*. NBER Working Paper, NO. 3914.

入之间的关系称为环境库兹涅茨曲线（Environment Kuzents Curve，EKC）。[①] 此后，有不少国外学者对 EKC 进行了验证。国外学者按照发展阶段、收入水平、文化差异等方式对世界主要国家进行划分，并利用面板数据验证了 EKC 曲线在制度体系较为成熟的发达国家普遍存在，发展中国家则遵循与 EKC 不同的增长路径。较近的研究样本涉及 26 个经合组织和 54 个非经合组织国家[②]，10 个主要旅游国家[③]，阿塞拜疆[④]，BRICST[⑤] 和 7 个欧洲国家。然而，对于 EKC 假说是否成立，目前还没有达成共识。有学者发现，总体经济增长是影响研究对象国家二氧化碳排放呈倒 U 型关系的因素；但在使用工业份额作为国家经济结构代理变量考察其与二氧化碳排放的关系时则发现了 U 形关系。[⑥]

国内关于经济发展与环境质量的研究主要集中在以下几个方面：一是关于 EKC 曲线的研究。EKC 曲线在中国是否成立还存在争议，即便是成立，多数研究也认为内生的经济增长并不能解决环境问题[⑦]，且环境规制[⑧]和环保投资的充足性[⑨]是 EKC 曲线存在的基础。王勇等则认为中国目前已基本具备跨越 EKC 曲

---

① Panayotou，T. "Empirical Tests and Policy Analysis of Environmental Degradation at Different Stages of Economic Development". *International Labour Office*，*Technology and Employment Programme*，*Working Paper*，1993，WP238.

② Liddle B（2015）What Are the Carbon Emissions Elasticities for Income and Population? Bridging STIRPAT and EKC Via Robust Heterogeneous Panel Estimates. *Glob Environ Chang*，31：62 −73

③ Katircioglu S，Katircioglu S，（2018b）Testing the Role of Urban Development in the Conventional Environmental Kuznets Curve：Evidence from Turkey. *Appl Econ Lett*，25（11）：741 −746

④ Mikayilov JI，Galeotti M，Hasanov FJ（2018a）The Impact of Economic Growth on CO_2 Emissions in Azerbaijan. J Clean Prod 197：1558 −1572.

⑤ BRICST 指巴西（Brazil）、俄罗斯（Russia）、印度（India）、中国（China）、南非（South Africa）和土耳其（Turkey）六国。Dogan E，Ulucak R，Kocak E，Isik C（2020a）The Use of Ecological Footprint in Estimating the Environmental Kuznets Curve Hypothesis for BRICST by Considering Cross − Section Dependence and Heterogeneity. *SCI Total Environ* 723：138063.

⑥ Dogan E，Inglesi − Lotz R（2020b）The Impact of Economic Structure to the Environmental Kuznets Curve（EKC）Hypothesis：Evidence from European Countries. *Environ Sci Pollut R* 27：12717 −12724

⑦ 吴雪萍、高明等：《基于半参数空间模型的空气污染与经济增长关系再检验》，《统计研究》2018 年第 8 期。

⑧ 张华明、范映君等：《环境规制促进环境质量与经济协调发展实证研究》，《宏观经济研究》2017 年第 7 期。

⑨ 陈向阳：《环境库兹涅茨曲线的理论与实证研究》，《中国经济问题》2015 年第 3 期。

线拐点的经济驱动条件。① 二是环境与经济发展的互动机制。邹庆等将资源环境因素纳入内生增长模型,运用最优控制方法得出可持续发展能否实现以及实现条件。② 王刚在新古典经济学分析框架下寻找经济与环境和谐发展的次优路径。③ 三是环境治理在其中发挥的作用。严格的环境规制能改变 EKC 曲线的形状和拐点位置④,而限行政策⑤、财政分权⑥、官员更替⑦等因素会对环境质量产生影响,并通过正面和负面两种方式作用于经济增长,而政府治理大气污染有助于提升大气环境和经济发展质量,助推中国经济高质量发展⑧。四是绿色治理的经验和政策的选择。刘治彦系统总结了习近平总书记到绿色治理观⑨,冉连根据改革开放以来的政策文本分析了绿色治理的变迁逻辑,⑩苑琳等⑪和李维安⑫分别从政府和企业层面对绿色治理进行了深入探讨。在政策选择方面,针对中国环境规制工具的选择,一些学者认为应该引入市场机制和增加公众参与度以及增强政策实施的透明度。⑬

三、关于中国环境治理的历史演变

新中国成立以来,伴随着经济的持续发展,以及人们对人与自然关系认识的不断提升,环境治理理论及实践上我国都经历了一个不断演变的过程。认真总

---

① 王勇等:《中国环境质量拐点:基于 EKC 的实证判断》,《中国人口·资源与环境》2016 年第 10 期。

② 邹庆、陈迅等:《经济与环境协调发展的模型分析与计量检验》,《科研管理》2014 年第 12 期。

③ 王刚、陈挺:《中国经济发展与环境的和谐之路——基于新古典经济学框架的分析》,《商业研究》2015 年第 1 期。

④ 张红凤、周峰等:《环境保护与经济发展双赢的规制绩效实证分析》,《经济研究》2009 年第 3 期。

⑤ 曹静、王鑫等:《限行政策是否改善了北京市的空气质量?》,《经济学(季刊)》2014 年第 3 期。

⑥ 黄寿峰:《财政分权对中国雾霾影响的研究》,《世界经济》2017 年第 12 期。

⑦ 郭峰、石庆玲:《官员更替、合谋震慑与空气质量的临时性改善》,《经济研究》2017 年第 7 期。

⑧ 陈诗一、陈登科:《雾霾污染、政府治理与经济高质量发展》,《经济研究》2018 年第 2 期。

⑨ 刘治彦:《习近平总书记的绿色治理观》,《人民论坛》2017 年第 25 期。

⑩ 冉连:《1949—2020 我国政府绿色治理政策文本分析:变迁逻辑与基本经验》,《深圳大学学报(人文社会科学版)》2020 年第 4 期。

⑪ 苑琳、崔煊岳:《政府绿色治理创新:内涵、形势与战略选择》,《中国行政管理》2016 年第 11 期。

⑫ 南开大学绿色治理准则课题组、李维安:《〈绿色治理准则〉及其解说》,《南开管理评论》2017 年第 5 期。

⑬ 王彩霞:《环境规制拐点与政府环境治理思维调整》,《宏观经济研究》2016 年第 2 期。

结历史和把握现在,才能走向更美好的未来,环境治理历史演变也是学术界关注的一个重点领域。

新中国成立后环境治理的演变历程是学者较普遍关注的一个方向。蒋金荷、马露露以经济建设和环境保护关系为主线,从生态文明建设视角总结分析了我国环境治理的演变历程和特征,认为环境治理经历了从新中国成立初期的环境意识缺乏、治理措施缺位到终端控制,再到全流程控制,新时代进入生态文明建设阶段后逐渐构建起全系统的环境管理体系。① 张立等从环境经济政策的角度,认为中国的环境治理与保护工作经历了环境经济政策萌芽、形成、发展、深化四个阶段,逐步实现了综合运用税费、补贴、价格和交易等多种手段组合治理环境问题。② 聂国良、张成福根据一些标志性历史事件、代表性改革成果以及重大的战略决策所发生和形成的时间节点,将中国环境治理历程划分为四个阶段:萌芽阶段(1972—1977 年),从思想意识上开始重视环境问题;起步阶段(1978—1991 年),环境保护法律法规和制度框架的初步构建,以及管理体制的形成;深入阶段(1992—2011 年),政策工具不断丰富,从主要靠单一的行政命令型管制手段转向法律、经济、社会以及必要行政手段的综合运用;全新阶段(2012 年至今),具体表现在环境治理战略地位的提升、治理理念的更新、治理力度的加强以及治理体系的提出。③ 王思博等人则主要从生态补偿制度建立健全的角度梳理了新中国生态环境保护实践进展脉络,认为中国生态环境保护实践经历了污染治理、生态补偿制度呼吁与尝试、生态纵向补偿机制构建、多元生态补偿制度创新,生态环境保护动力由外生驱动向内生驱动转变。④

治理模式的演变是学者较多关注的另一个方向。郝就笑等将改革开放以来我国环境治理模式的变迁过程概括为三个阶段:1978—2001 年,采取功利型环境

① 蒋金荷、马露露:《我国环境治理 70 年回顾和展望:生态文明的视角》,《重庆理工大学学报(社会科学)》2019 年第 12 期。

② 张立、尤瑜:《中国环境经济政策的演进过程与治理逻辑》,《华东经济管理》2019 年第 7 期。

③ 聂国良、张成福:《中国环境治理改革与创新》,《公共管理与政策评论》2020 年第 1 期。

④ 王思博等:《新中国 70 年生态环境保护实践进展:由污染治理向生态补偿的演变》,《当代经济管理》2021 年第 6 期。

治理模式;2002—2013 年,进入管制型环境治理模式,中央权威矫正了功利主义,实现了"兼顾公平"的价值转向,但存在"制度理性"的缺失;2014 年至今,环境治理进入"合作型"模式。① 谌杨认为,中国的环境治理模式历经了"政府单一管制"与"政府监管辅以公众参与"两个阶段,目前正走向"政府、企业、公众共治"的新阶段。②

还有学者对环境治理的政策文本进行了分析,冉连通过 Nvivo 软件对 1949—2020 年间 52 份政府工作报告政策文本进行分析,发现政府绿色治理政策在价值层面上经历了"经济发展优先—兼顾经济与环保—生态保护优先"的价值转换,在时间层面上经历了"1949—1978(新中国)""1978—2012(新时期)""2012—2020(新时代)"的阶段转换,在内容层面上经历了"理念孕育—环境管理—环境治理—生态文明建设"的逻辑演变。③

四、关于环境治理体系建设

党的十九大报告针对生态文明建设明确提出"构建政府、企业、社会和公众共同参与的环境治理体系",为新时代环境治理体系的建设提供了基本方向,如何有效构建多元共治环境治理体系也成为学术界关注的新重点。

王雯、李春根基于政策网络理论构建了一个分析环境治理问题的框架,提出环境共治政策网络由政策社群、专业网络、府际网络、生产者网络和议题网络五个网络构成,明晰了各网络构成所体现出的多元主体之间的协同互动关系,进而从多个角度提出构建与完善政府、企业、公众多元环境共治体系的框架建构与政策建议。④ 詹国彬等认为,在实践中,多元共治模式面临着环境治理权力结构安排不尽科学合理、跨部门治理主体间信息共享和协调性差等方面的诸多挑战,需

---

① 郝就笑、孙瑜晨:《走向智慧型治理:环境治理模式的变迁研究》,《南京工业大学学报(社会科学版)》2019 年第 5 期。

② 谌杨:《论中国环境多元共治体系中的制衡逻辑》,《中国人口·资源与环境》2020 年第 6 期。

③ 冉连:《1949—2020 我国政府绿色治理政策文本分析:变迁逻辑与基本经验》,《深圳大学学报(人文社会科学版)》2020 年第 4 期。

④ 王雯、李春根:《新时代我国多元环境共治体系的框架建构与政策优化——基于政策网络理论的分析》,《经济研究参考》2020 年第 15 期。

要从厘清多元主体职责分工、创新生态服务投入机制、优化环境治理协同机制、提升政府环境监管效能、引导社会力量有序有效参与等方面完善相应的制度安排，以推动新型环境治理体系高效运转。① 谌杨认为，政府、企业、公众三类共治主体自身均存在客观不足型和主观过当型两种原生缺陷，现有的"配合与协作"机制可以解决客观不足型原生缺陷，但对于主观过当型原生缺陷则显得相对无力，未来应当在维持"配合与协作"机制的基础上，构建一个可以应对三者主观过当型原生缺陷的"限制与制衡"机制，通过两种机制的双轨并行，规避三类共治主体的治理行为失范风险，确保中国环境多元共治体系稳定运行。②

此外，王茹认为，从系统论的视角来看，"十四五"时期的环境治理应视为一个完整统一系统来实现优化和提升。③ 在治理主体上，应以合作治理提升系统开放性；在治理体系上，应以系统治理提升系统关联性；在治理链条上，应以源头治理提升系统整体性；在治理方法上，应以精准治理提升系统平衡性；在治理技术上，应以智慧治理提升系统自组织性。李政大等从理论和实证两个层面探讨了公众参与的绿色共治效果及其实现路径，认为公众参与绿色共治具有短期和长期效应路径，短期效应路径源自命令管控型环境规制的政府权威，通过加大环境治理投入、严格环境执法实现；长期效应路径源自政府激励型环境规制的市场化选择机制和信号传递效应，通过技术创新、产业结构调整来实现。④

① 詹国彬、陈健鹏：《走向环境治理的多元共治模式：现实挑战与路径选择》，《政治学研究》2020 年第 2 期。

② 谌杨：《论中国环境多元共治体系中的制衡逻辑》，《中国人口·资源与环境》2020 年第 6 期。

③ 王茹：《系统论视角下的"十四五"环境治理机遇、挑战与路径选择》，《天津社会科学》2021 年第 1 期。

④ 李政大等：《基于公众参与的中国绿色共治实现路径研究》，《现代财经》(天津财经大学学报) 2021 年第 6 期。

第三节　核心概念辨析与界定

高质量发展、绿色发展、环境治理、绿色治理是本研究所涉及的核心概念,本节在对相关概念进行辨析的基础上,对它们的内涵予以界定。

一、高质量发展相关概念辨析

党的十九大报告中提出:"我国经济已由高速增长阶段转向高质量发展阶段,正处在转变发展方式、优化经济结构、转换增长动力的攻关期,建设现代化经济体系是跨越关口的迫切要求和我国发展的战略目标。"①可见,高质量发展是区别于高速增长而提出,体现了从关注"量"到注重"质"的转变,是一个兼顾速度与效益的概念,需要通过转变发展方式、优化经济结构、转换增长动力来实现。党的十九大报告对经济转向高质量发展阶段的判断依据是"中国特色社会主义进入新时代,我国社会主要矛盾已经转化为人民日益增长的美好生活需要和不平衡不充分的发展之间的矛盾"。

新时代社会主要矛盾的一方面是人民日益增长的美好生活需要,这是需求侧,也是推动实现经济高质量发展的根本出发点和归宿,理论界对高质量发展内涵的界定也普遍将其立足于这一根本目标。《人民日报》2017 年 12 月 21 日的社论认为:"高质量发展,就是能够很好满足人民日益增长的美好生活需要的发展,是体现新发展理念的发展,是创新成为第一动力、协调成为内生特点、绿色成为普遍形态、开放成为必由之路、共享成为根本目的的发展。"②"日益增长的"这一

①　习近平:《决胜全面建成小康社会　夺取新时代中国特色社会主义伟大胜利——在中国共产党第十九次全国代表大会上的报告》(2017 年 10 月 18 日),人民出版社,2017,第 30 页。

②　社论:《牢牢把握高质量发展这个根本要求》,《人民日报》2017 年 12 月 21 日,第 1 版。

修饰语体现出人民群众对美好生活的需要是动态发展的,这内在决定了高质量
发展的内涵具有动态性。金培认为,高质量发展概念具有很强的动态性,在其基
本的经济学意义上可以表述为:是能够更好满足人民不断增长的真实需要的经
济发展方式、结构和动力状态。① 张军扩等人也认为,高质量发展的本质内涵,是
以满足人民日益增长的美好生活需要为目标的高效率、公平和绿色可持续的发
展。② 可持续同样是一个动态性概念。也有学者从更加多元的视角理解和界定
高质量发展。例如赵剑波等人认为,可以从系统平衡观、经济发展观、民生指向
观三个视角理解高质量发展的内涵,高质量发展体现在宏观经济、产业、企业三
个层面,受经济发展阶段、社会文化环境、政策法律环境的约束,以要素质量、创
新动力、质量技术基础为基础条件,目标是为了满足人民日益增长的美好生活
需要。③

　　新时代社会主要矛盾的另一方面是不平衡不充分的发展现状,这是供给侧
存在的问题。国务院发展研究中心原主任李伟认为,"不平衡"讲的是经济社会
体系结构问题,主要表现为实体经济和虚拟经济不平衡、区域发展不平衡、城乡
发展不平衡、收入分配不平衡、经济与社会发展不平衡、经济与生态发展不平衡;
"不充分"是总量和水平问题,主要表现为市场竞争不充分、效率发挥不充分、潜
力释放不充分、有效供给不充分、动力转换不充分、制度创新不充分。④ 实现高质
量发展的过程就是要通过逐渐解决不平衡不充分的问题,不断提升满足人民美
好生活需求的能力,从而解决社会主要矛盾,但关键是通过什么方式和路径来解
决问题和矛盾。

　　解决不平衡问题,关键是寻找经济系统内诸要素之间、经济系统与环境系统
之间的协调一致、相互适应,从而达到均衡状态,基本的路径是协调发展、绿色发

---

① 金培:《关于"高质量发展"的经济学研究》,《中国工业经济》2018 年第 4 期。
② 张军扩等:《高质量发展的目标要求和战略路径》,《管理世界》2019 年第 9 期。
③ 赵剑波等:《高质量发展的内涵研究》,《经济与管理研究》2019 年第 11 期。
④ 王振红:《李伟:不平衡不充分的发展主要表现在六个方面》,中国发展门户网站,2018 年 1 月 13
日,网址:http://cn. chinagate. cn/news/2018 − 01/13/content_50223130. htm。

展和共享发展。具体而言，通过协调发展，重点解决经济系统内诸要素之间的不平衡，以及经济与社会发展之间的不平衡；通过绿色发展，解决经济系统与自然生态系统之间的不平衡；通过共享发展，解决收入分配的不平衡，逐渐实现共同富裕，这是满足人民美好生活需要的分配制度基础。解决不充分问题，关键是寻找源源不竭的发展动力，基本的路径是深化改革开放。改革的本质要求是创新，具体到经济层面就是将创新作为经济发展的内容动力，以创新驱动经济发展；开放的重点是建设更高水平开放型经济新体制，开放与改革有紧密的内在联系，是促进深化改革的重要手段，也是增强发展动力的有效路径。

从高质量发展与绿色发展的关联看，2018年5月，习近平总书记在全国生态环境保护大会上指出："绿色发展是构建高质量现代化经济体系的必然要求。"明确了绿色发展与高质量发展的关系，绿色发展是高质量发展的内在要求，是实现高质量发展的重要路径。从以上对高质量发展内涵的评述和界定中也可以看出，绿色发展是高质量发展的内在要求。

二、环境治理相关概念辨析

环境治理是生态环境保护的具体体现，绿色治理是环境治理的新阶段。从公共治理的视角看，绿色治理起源于西方国家19世纪中期的绿色思潮，从绿色运动、绿色政治、绿色政府中发展而来，其内涵已经超越环境治理领域而扩展至整个公共治理领域，从字面上可以理解为绿色的治理或治理的绿色化。[①] 史云贵和刘晓燕在研究中为梳理国外学者在绿色治理领域的研究现状，采用"green management""green governance"和"green administration"等关键词，在 Web of Science（科学引文索引）中进行了"标题"检索，共得到63篇有效文献，研究内容涉及绿色治理的概念和原则、企业绿色治理、城市绿色治理、绿色治理工具等方面，由此大体上可以了解国外学者在该领域的研究脉络。[②]

---

① 史云贵、刘晓燕：《绿色治理：概念内涵、研究现状与未来展望》，《兰州大学学报（社会科学版）》2019年第3期。

② 史云贵、刘晓燕：《绿色治理：概念内涵、研究现状与未来展望》，《兰州大学学报（社会科学版）》2019年第3期。

对于绿色发展和绿色治理的辩证关系,王元聪和陈辉的研究有较多阐述,在他们看来,绿色发展与绿色治理之间呈现为"方法与目标""过程与结果""量变与质变""战术与战略"的辩证关系,要将绿色发展理念真正转化为绿色实践,必须构建一套科学有效的行动策略——绿色治理,并将绿色治理思维、原则与方式贯穿治理全过程,提振绿色治理综合效能,全面提升绿色治理能力。[1]

三、核心概念界定

综上所述,本研究认为,高质量发展是以满足人民日益增长的美好生活需要为目标,以创新驱动为内生动力,以高水平开放为外生动力,以低能耗、低排放、高效益为主要特征的绿色协调可持续发展。绿色发展是高质量发展的内在要求。

绿色治理是践行绿色发展理念的具体方式,是绿色发展的实现路径,可以将其内涵界定为:以实现高质量绿色发展为目标的绿色技术、治理工具以及治理制度体系的统一体和动态过程。

第四节 研究方法和创新点

一、研究方法

本研究主要综合利用以下方法。

一是文献研究法。对绿色发展理论和相关研究文献进行了较系统的回顾总结和综述。此外,在具体章节的撰写过程中,也将支撑研究的理论和文献有机融入相关内容中。

---

[1] 王元聪、陈辉:《从绿色发展到绿色治理:观念嬗变、转型理据与策略甄选》,《四川大学学报(哲学社会科学版)》2019 年第 3 期。

二是模型分析。将能源和环境约束内化到传统经济增长模型中,用于从理论上阐释传统能源依赖产业的内在困境;在微观经济学消费者行为和厂商行为选择理论基础上构建模型,分析新能源领域厂商的理性选择以及政府补贴对厂商选择的影响,为实施新能源战略寻找微观基础;在实证研究过程中,根据相关理论如环境库兹涅茨曲线,结合已有研究成果,构建用于实证研究的理论实证模型。

三是定量分析和实证研究。利用全球层面 1996—2019 年的数据,对碳排放量进行定量分析,并对经济增长与碳排放的关系进行实证检验;利用 2003—2016 年 37 个城市的面板数据,对环渤海地区工业增长与环境污染的脱钩状况进行定量研究;利用京津冀 13 个城市 2014—2017 年的相关数据,对二氧化碳排放与大气污染物排放情况进行定量分析,并对两者的协同治理效果进行评价分析;利用天津市相关数据,定量分析天津市绿色发展的形势、问题及挑战,对天津市能源消费与经济增长的脱钩关系进行定量研究。

四是比较分析法。包括国际层面对碳排放总量、人均碳排放量以及碳排放强度的比较分析,环渤海地区层面京津冀城市群、山东半岛城市群以及辽东南城市群工业增长与环境脱钩情况的比较分析,天津市各区生态环境质量静态对比及变化情况的动态比较分析。

二、可能的创新点

在高质量发展下推进绿色治理,实现绿色发展,需要持续进行理论创新和实践重新。本书在既有理论和现有研究的基础上,在部分方面做了拓展和深化,有以下几个可能的创新点:

第一,主要内容总体上按“三个维度、三个层次”的架构展开。三个维度指理论维度、实践维度和政策维度,三个层次分别为国际层面、中国整体、区域(或省市)层面。

第二,将生态环境价值纳入经济增长理论模型,分析传统能源依赖产业增长模式的内在困境以及探索能源转型的必然性,并借助理论模型分析实施绿色新能源战略的微观机理。

第三,构建生态环境协同治理的"政策—行动—效果"分析框架,并通过构建协同治理指数,将协同治理效果分为强协同改善、协同改善、弱协同改善、强协同恶化、协同恶化、弱协同恶化、积极负协同和消极负协同八种类型,同时从城市和主要污染物两个层面对生态环境协同治理效果进行评价。

第四,在分析工业增长与环境污染的脱钩关系时,选取中国环渤海地区城市群作为研究样本,以工业生产与工业污染物排放的关系为具体研究对象,在工业污染物衡量方面同时将废气和废水纳入进来,较已有研究更具有针对性。

第二章 高质量绿色发展的
理论基础与微观机理

高质量发展内在要求绿色发展，绿色发展理念是中国对人类生态文明优秀成果的继承和创新。本章对绿色发展理念形成的主要理论基础进行总结，并对绿色发展的相关研究文献进行综述，对高质量发展、绿色发展、绿色治理等核心概念进行界定，为本研究奠定更加坚实的理论根基。

第一节 绿色发展理念的提出

2005 年 8 月，时任浙江省委书记的习近平在湖州市安吉县余村考察时首次提出"绿水青山就是金山银山"的重要理念（以下简称"两山"理念），将辩证唯物主义世界观和方法论应用到如何解决经济发展与生态环境保护这一具体问题上，用于指导我们的生态文明建设实践。党的十八大以来，伴随着中国特色社会主义新的实践，"两山"理念的理论内涵不断升华，逐渐衍生出绿色发展理念，将人们对发展的认识提升到新境界，彰显出愈发强大的真理力量和时代价值。

2013 年 5 月 24 日，习近平总书记在主持十八届中共中央政治局第六次集体学习时强调:"要正确处理好经济发展同生态环境保护的关系,牢固树立保护生态环境就是保护生产力、改善生态环境就是发展生产力的理念。"这一论述将生态环境纳入生产力的要素,丰富发展了马克思主义生产力理论,进而促进了发展观的创新。2015 年 10 月 29 日,中国共产党第十八届中央委员会第五次全体会议审议通过《中共中央关于制定国民经济和社会发展第十三个五年规划的建议》,其中明确要求"必须牢固树立创新、协调、绿色、开放、共享的发展理念",标志着中央将绿色发展理念正式确立为关系我国发展全局的一个重要理念。

2017 年 10 月 18 日,习近平总书记在中国共产党第十九次全国代表大会报告中首次提出"新时代中国特色社会主义思想",对新时代坚持和发展中国特色社会主义的基本方略进行了系统阐述,在"坚持新发展理念"中进一步强调"必须坚定不移贯彻创新、协调、绿色、开放、共享的发展理念"。绿色发展理念作为习近平生态文明思想的重要组成部分,被纳入习近平新时代中国特色社会主义思想,成为解决新时代社会主要矛盾的基本遵循。

2020 年 10 月 29 日,党的十九届五中全会审议通过《中共中央关于制定国民经济和社会发展第十四个五年规划和二○三五年远景目标的建议》,将"坚持新发展理念"明确为五个必须坚持的原则之一,提出"把新发展理念完整、准确、全面贯穿发展全过程和各领域",并围绕"推动绿色发展,促进人与自然和谐共生",对新时代如何建设人与自然和谐共生的现代化作出了重要部署。毋庸置疑,坚持走绿色发展道路已经成为新时代我国发展的重大战略。

第二节　绿色发展的理论基础

绿色发展理念的形成,是马克思主义生态观基本理论与新时代中国生态文明建设实践相结合的产物,同时汲取了中国古代倡导人与自然和谐的生态智慧,并与可持续发展理论及我国在可持续发展方面的长期实践和探索有紧密关联，是根据中国实际情况和时代发展对马克思主义生态观的继承和新发展，是有中国特色的可持续发展道路。

一、马克思主义生态观基本理论

马克思在《1844年经济学哲学手稿》一书中对人与自然的关系已经有比较系统的阐述。一方面，马克思认为，人类是自然界长期发展的产物，是自然界的一部分。马克思在分析批判异化劳动时阐述道："自然界，就它自身不是人的身体而言，是人的无机的身体。人靠自然界生活。这就是说，自然界是人为了不致死亡而必须与之处于持续不断的交互作用过程的、人的身体。所谓人的肉体生活和精神生活同自然界相联系，不外是说自然界同自身相联系，因为人是自然界的一部分。"①另一方面，马克思同时认为，人与自然的关系在本质上是一种实践关系，人类通过能动的实践活动改造自然界。马克思指出："通过实践创造对象世界，改造无机界，人证明自己是有意识的类存在物……动物只是按照它所属的那个种的尺度和需要来构造，而人却懂得按照任何一个种的尺度来进行生产，并且懂得处处都把固有的尺度运用于对象；因此，人也按照美的规律来构造。"②马克思分析认为："异化劳动把自主活动、自由活动贬低为手段，也就把人的类生活变成维持人的肉体生存的手段。"③从而使得自然界同人相异化，并使人与人相异化。马克思还从社会历史发展的视角，认为对私有财产即对人的自我异化积极扬弃的共产主义是"人和自然界之间、人和人之间的矛盾的真正解决"④。

恩格斯也阐述了人与自然的辩证关系，他在《自然辩证法》中指出："动物仅仅利用外部自然界，单纯地以自己的存在来使自然界改变；而人则通过他所作出的改变来使自然界为自己的目的服务，来支配自然界。"⑤恩格斯还指出："人也

---

① [德]马克思：《1844年经济学哲学手稿》，人民出版社，2014，第52页。
② [德]马克思：《1844年经济学哲学手稿》，人民出版社，2014，第53页。
③ [德]马克思：《1844年经济学哲学手稿》，人民出版社，2014，第54页。
④ [德]马克思：《1844年经济学哲学手稿》，人民出版社，2014，第78页。
⑤ 中共中央马克思恩格斯列宁斯大林著作编译局编译：《马克思恩格斯全集》（第二十卷），人民出版社，1971，第518页。

反作用于自然界,改变自然界,为自己创造新的生存条件。"①在看到人可以改造自然界的同时,恩格斯同时认为,人类存在于自然界,人的活动会受到自然界的制约,需要以尊重自然规律为前提。他指出:"我们不要过分陶醉于我们对自然界的胜利。对于每一次这样的胜利,自然界都报复了我们。……因此我们必须时时记住:我们统治自然界,决不象征服者统治异民族一样,决不象站在自然界以外的人一样,——相反地,我们连同我们的肉、血和头脑都属于自然界,存在于自然界的;我们对自然界的整个统治,是在于我们比其他一切动物强,能够认识和正确运用自然规律。"②在恩格斯看来,随着人们更加正确地理解自然规律,也会越来越认识到人和自然界是一致的。

马克思和恩格斯关于人与自然的辩证统一关系的思想共同构成了马克思主义生态观基本理论,绿色发展理念是这些基本理论与新时代中国生态文明建设相结合的产物,是对这些基本理论的运用、发展和创新。

二、中国古代关于人与自然和谐的智慧

中华文化源远流长、博大精深,"天人关系"是中华传统文化关注的一个重要话题,本质上就是人与自然的关系。作为中华传统文化主流的儒家和道家都主张天人合一,儒家提出了天时、地利、人和三者相统一的"三才"思想,要求"与天地参";道家提出了天大、地大、道大、人大四者相统一的"四大"思想,要求"道法自然"。③ "与天地参"出自《中庸》,基本意思是人可与天地并列为三,而要达到"与天地参",需要经历一个从"尽其性"到"尽人之性"再到"尽物之性"并进一步到"赞天地之化育"的过程。对于"赞天地之化育"的内涵,乐爱国认为,朱熹在《中庸章句》的诠释强调人对于自然只能起辅助作用,应当通过与自然的相互补

---

① 中共中央马克思恩格斯列宁斯大林著作编译局编译:《马克思恩格斯全集》(第二十卷),人民出版社,1971,第574页。
② 中共中央马克思恩格斯列宁斯大林著作编译局编译:《马克思恩格斯全集》(第二十卷),人民出版社,1971,第519页。
③ 张云飞:《生态文明:从"天人合一、道法自然"到坚持人与自然和谐共生》,中央纪委国家监委网站,2020年3月2日,网址:http://www.ccdi.gov.cn/toutiao/202003/t20200302_212595.html。

充、相互协调，达到"与天地参"。①

道家创始人老子在《道德经》第二十五章中提出"人法地、地法天、天法道、道法自然"的思想，表明对自然的崇尚。汤一介指出，道家以自然主义为价值取向，在"自然的和谐"基础上，推展出"人与自然的和谐"，进而有"人与人的和谐"，以达成"自我身心的和谐"。② 可见，中华传统文化中蕴含了丰富的生态智慧，核心要义就是主张人与自然和谐共生。

三、可持续发展理论及其在中国的发展

20 世纪 70 年代以来，能源危机和环境污染问题日渐突出，引发了人们对传统上盲目追求速度的发展理念和依赖资源投入的增长模式的反思。

（一）可持续发展理论的缘起

可持续发展理论源自 20 世纪六七十年代人们对传统的牺牲资源和破坏环境为代价的增长模式的反思。1962 年，美国海洋生物学家雷切尔·卡森（Rachel Carson）出版了《寂静的春天》一书，书中讲述了过度使用农药、肥料等对环境的破坏，引发了人们对于环境问题的思考和重视。1972 年，美国麻省理工学院学者丹尼斯·米都斯（Dennis L. Meadows）领导的研究小组向课题委托方罗马俱乐部提交了研究报告《增长的极限——罗马俱乐部关于人类困境的报告》。该报告基于对人口、粮食生产、工业化、污染和自然资源五个决定和限制增长基本因素的考察，得出了"若继续维持现有的资源消耗速度和人口增长率，人类经济与人口的增长只需百年或更短时间就将达到极限"的零增长悲观结论。③ 同年 6 月，联合国在瑞典斯德哥尔摩召开了由 113 个国家参加的联合国人类环境大会，会上提及了可持续发展的思想。此后，可持续发展逐渐被世界多数国家和地区接受，成为一种主流的发展理念。

1980 年 3 月，联合国大会首次使用了"可持续发展"这一概念。1987 年，世

---

① 乐爱国：《朱熹〈中庸章句〉对"赞天地之化育"的诠释——一种以人与自然和谐为中心的生态观》，《西南大学学报（社会科学版）》2013 年第 6 期。
② 赵建永：《道法自然的智慧：人与自然和谐共生的关系》，《光明日报》2016 年 12 月 14 日。
③ 魏婷婷：《增长的极限》，《中国绿色时报》2010 年 10 月 29 日，第 4 版。

界环境与发展委员会(WCED)在《我们共同的未来》报告中第一次对可持续发展进行了较全面的阐述,将其定义为:"既满足当代人的需求,又不损害子孙后代满足其需求的发展。"①WCED 对可持续发展的这一界定内涵极其丰富,其核心是正确处理人与人、人与自然之间的关系,从中体现了公平性、持续性和共同性等基本原则,在世界范围内被较普遍接受。按照时任 WCED 主席挪威前首相布伦特兰夫人的解释,可持续发展不仅是一个目标,也是一个途径和手段。② 1989 年 5 月,第 15 届联合国环境署理事会通过的《关于可持续发展的声明》对 WCED 的上述定义做了进一步补充,将可持续发展定义为:"满足当前需要而又不削弱子孙后代满足需要的能力的发展,而且绝不会包含侵犯国家主权的含义。"③

1992 年 6 月,联合国环境与发展大会在巴西里约热内卢召开,大会通过《关于环境与发展的里约热内卢宣言》(以下简称《里约宣言》)、《21 世纪议程》和《关于森林问题的原则声明》3 项文件,会上还有 150 多个国家签署《联合国气候变化框架公约》和《生物多样性公约》等。其中,《里约宣言》宣告了 27 个原则,原则一的内容即"人类处于普受关注的可持续发展问题的中心,他们应享有以与自然相和谐的方式过健康而富有生产成果的生活的权利",另有多项原则都紧密围绕实现可持续发展这一核心内容展开。④《里约宣言》第一次把可持续发展由理论和概念变为行动,此后可持续发展在世界范围内得到普遍的重视,逐渐成为全人类的共同理念。

(二)可持续发展理论在中国的实践和发展

中国是可持续发展理论的积极实践者,也是推动可持续发展理论不断完善的探索者。早在 1992 年 6 月,国务院总理李鹏在联合国环境与发展大会首脑会议的讲话中阐述了中国政府在环境和发展问题上的原则立场,提出了五项主张:

---

① 世界环境与发展委员会著,王之佳等译:《我们共同的未来》,吉林人民出版社,1997。

② 布伦兰特夫人:《可持续发展是目标也是途径和手段》,新浪网站,http://news. sina. com. cn/green/2012 – 06 –06/184124547050. shtml。

③ 转引自王汉杰、刘健文:《全球变化与人类适应》,中国林业出版社 2008 年版;冒佩华、严金强:《全球变化背景下的可持续发展》,《学术月刊》2014 年第 7 期。

④ 《关于环境与发展的里约热内卢宣言》,《中国人口·资源与环境》1992 年第 4 期。

①经济发展必须与环境保护相协调;②解决全球环境问题是各国的共同责任,发达国家负有主要责任;③加强国际合作,以尊重国家主权为前提;④促进发展和保护环境离不开世界的和平与稳定;⑤处理环境问题应当兼顾各国的现实利益和世界的长远利益。①

1994年3月25日,国务院第十六次常务会议审议通过《中国21世纪议程》,确定实施可持续发展战略。同年7月4日,国务院发布《关于贯彻实施中国21世纪议程——中国21世纪人口、环境与发展白皮书的通知》,其中指出:《中国21世纪议程》从我国的具体国情和人口、环境与发展的总体联系出发,提出了促进经济、社会、资源与环境相互协调和可持续发展的总体战略、对策以及行动方案。《中国21世纪议程》的通过与实施表明,中国已经从行动层面开始实施可持续发展战略。

1995年9月28日,中国共产党第十四届中央委员会第五次全体会议审议通过了《中共中央关于制定国民经济和社会发展"九五"计划和2010年远景目标的建议》,其中在2010年国民经济和社会发展的主要奋斗目标中明确要求"实现经济和社会可持续发展";同一天,江泽民在全会闭幕时作了题为《正确处理社会主义现代化建设中的若干重大关系》的讲话,在阐述经济建设和人口、资源、环境的关系时指出:"在现代化建设中,必须把实现可持续发展作为一个重大战略。"②1996年3月5日,政府工作报告《关于国民经济和社会发展"九五"计划和2010年远景目标纲要的报告》的第五部分即为"实施科教兴国战略和可持续发展战略"。八届全国人大四次会议批准了《国民经济和社会发展"九五"计划和2010年远景目标》,将可持续发展从党的主张上升为国家意志。1997年9月召开的中国共产党第十五次全国代表大会将"实施科教兴国战略和可持续发展战略"写入大会报告,进一步将可持续发展战略确立为我国经济社会发展的重大战略之一。2007年10月15日,党的十七大报告中系统阐述了科学发展观的科学内涵和精

---

① 《李鹏总理在联合国环境与发展大会上的讲话》,《世界环境》1992年第4期。
② 《中国共产党第十四届中央委员会第五次全体会议文件》,人民出版社,1995,第13页。

神实质。

伴随着国家对可持续发展战略的日益重视,学术界对可持续发展理论体系的思考也不断完善。牛文元认为,中国在吸取可持续发展经济学、社会学、生态学三个主要研究方向的基础上,开创了可持续发展的系统学方向,即将可持续发展作为"自然、经济、社会"复杂巨系统的运行轨迹,以综合协同的观点,探索其本源和演化规律,将其"发展度、协调度、持续度在系统内的逻辑自洽"作为可持续发展理论的中心思考,有序演绎了可持续发展的时空耦合规则并揭示了各要素之间互相制约、互相作用的关系,建立了"人与自然"关系、"人与人"关系的统一解释基础。[①] 牛文元将可持续发展系统的内部构成要素分为"五大支持系统",即生存支持系统、发展支持系统、环境支持系统、社会支持系统、智力支持系统,并从数量维、质量维和时间维三个维度将可持续发展行为标示为发展度、协调度和持续度。[②] 牛文元进一步提出了中国可持续发展战略的七大主题:一是始终保持经济的理性增长;二是全力提高经济增长的质量;三是满足"以人为本"的基本生存需求;四是调控人口的数量增长,提高人口素质;五是维持、扩大和保护自然的资源基础;六是集中关注科技进步对于发展瓶颈的突破;七是始终调控环境与发展的平衡。[③]

---

① 牛文元:《中国可持续发展总论》(路甬祥总主编,中国可持续发展总纲,第一卷),科学出版社,2007。

② 牛文元:《中国可持续发展的理论与实践》,《中国科学院院刊》2012 年第 3 期。

③ 牛文元:《可持续发展理论的内涵认知——纪念联合国里约环发大会 20 周年》,《中国人口·资源与环境》2012 年第 5 期。

第三节　绿色发展的微观机理：
能源转型视角的理论探讨

能源是现代经济发展的基础，自工业革命以来，人类在化石能源的基础上构建了现代经济体系。然而，化石能源不可再生性的内在特征决定了其必然面临枯竭问题，这进一步决定了推动能源转型即以绿色新能源逐渐替代化石能源的必然性。推动能源转型与环境保护也息息相关，20 世纪 70 年代伴随着人类对生态环境问题的日趋重视，两者日益紧密地交织在一起，对环境价值的日趋重视在要求加快推动能源转型，能源转型的实施又使得环境价值得以逐渐显现出来。本节将依赖化石能源发展的产业界定为传统能源依赖产业，按照绿色发展的理念和要求将能源和环境约束考虑进来，从经济学视角分析传统能源依赖产业增长模式的内在困境以及探索能源转型的必然性，并借助理论模型分析实施绿色新能源战略的微观基础，最后得出结论和政策启示。

一、绿色国民经济核算体系下的环境价值

从经济层面看，绿色发展的过程就是做大做强绿色经济的过程。1993 年以来，逐渐发展的绿色国民经济核算体系的基本思路是在传统国民经济核算体系的基础上，将能源和环境约束内化进去。

绿色国民经济核算体系，又称资源环境经济核算体系、综合环境经济核算体系，是关于绿色国民经济（简称绿色 GDP）核算的一整套理论方法。绿色 GDP 概念的正式提出，可以追溯到 1993 年联合国统计署正式出版的《综合环境经济核算手册》（*System of Integrated Environmental and Eonomic Accounting*，简称 SEEA 1993），该手册首次正式提出了"绿色 GDP"概念。此后，联合国又先后公布了 SEEA 操作手册和 SEEA‑2003。绿色 GDP 的提出，意味着环境价值也开始受到实质性重视。在理论上,绿色 GDP = GDP - 固定资产折旧 - 资源环境成本 = 国内生产净值(NDP) - 资源环境成本。在具体研究中,考虑到在实际应用方面,GDP 远比 NDP 更为普及,因此绿色 GDP 往往采用与 GDP 相对应的总值概念,而没有采用净值的概念,即绿色 GDP = GDP - 环境成本 - 资源消耗成本。①

　　在 SEEA 框架基础上,中国国家环境保护总局和国家统计局于 2004 年 3 月联合启动了"中国绿色国民经济核算研究",并于 2006 年 9 月份正式公布《中国绿色国民经济核算研究报告(2004)》。根据该研究报告,绿色国民经济核算内容由三部分组成:①环境实物量核算,运用实物单位建立不同层次的实物量账户,描述与经济活动对应的各类污染物的产生量、去除量(处理量)、排放量等,具体分为水污染、大气污染和固体废物实物量核算。②环境价值量核算,在实物量核算的基础上,运用两种方法估算各种污染排放造成的环境退化价值。③经环境污染调整的 GDP 核算。经环境调整的 GDP 核算,就是把经济活动的环境成本,包括环境退化成本和生态破坏成本从 GDP 中予以扣除,并进行调整,从而得出一组以"经环境调整的国内产出"为中心的综合性指标。②

　　从可持续发展概念的提出到作为一种发展理念被普遍接受,再到人们采用绿色 GDP 核算体系对传统国民经济核算体系进行修正,资源和环境约束已经对人类的行为产生了实质性影响。以人类对环境认识的改变和行动的改变为界线,可以把环境对经济增长的约束分为三个阶段:无环境约束阶段、环境软约束阶段以及环境硬约束阶段。第一阶段:无环境约束阶段。在 1972 年联合国斯德哥尔摩会议对可持续发展的讨论唤醒人们对环境的重视之前,人类是以牺牲资源和环境为代价来换取经济增长的,各个产业的增长普遍没有考虑环境的约束。第二阶段:环境软约束阶段。从 1972 年联合国斯德哥尔摩会议到 1993 年联合国统计署正式出版 SEEA - 1993 之前。1972 年斯德哥尔摩会议通过的《联合国人类环境会议宣言》唤起了世界各国政府对环境问题的觉醒,但从思想上的转变并

---

①　国家环境保护总局、国家统计局:《中国绿色国民经济核算研究报告 2004》(公众版),2006 年。
②　国家环境保护总局、国家统计局:《中国绿色国民经济核算研究报告 2004》(公众版),2006 年。

不意味着行动上的同时转变。这一阶段，仅在认识上逐渐重视环境问题，却没有一种制度，用来约束人们以破坏环境换取经济增长的行为。因此，环境对经济增长的约束可以说是一种软性的约束，本文简称为环境软约束。第三阶段：环境硬约束阶段，从1993年至今。SEEA-1993正式提出了绿色GDP概念以及核算体系，这是对传统GDP核算体系缺陷的一个修正。把经济活动的环境成本纳入国民经济的核算体系，从经济增长核算制度上把环境对经济增长的约束由软性约束转变为对污染环境行为的硬性约束，本文简称为环境硬约束。伴随着三个阶段的演变，环境对经济增长的约束从没被认知到被认识到，再到从理念上的软性约束过渡到行动上的硬性约束。

《中国绿色国民经济核算研究报告2004》对环境污染价值量的核算包括了污染物虚拟治理成本和环境退化成本核算两种方法，分别采用治理成本法和污染损失法。在具体核算时，主要包括各地区的水污染、大气污染、工业固体废物污染、城市生活垃圾污染和污染事故经济损失核算，各部门的水污染、大气污染、工业固体废物污染和污染事故经济损失核算。在SEEA框架中，治理成本法主要是指基于成本的估价方法，核算的环境价值包括环境污染实际治理成本和环境污染虚拟治理成本两部分；污染损失法是指基于损害的环境价值评估方法，需要借助一定的技术手段和污染损失调查，评估环境污染所带来的种种损害，并对这些损害进行定价以计算具体价值。

二、传统增长模式内在困境及能源转型必然性

尽管传统能源依赖产业一度以忽视能源消耗为代价维持快速增长，但资源和环境对这类产业的约束一直都存在，依赖化石能源产业的增长本身具有内在的不可持续并且以牺牲环境质量为代价。伴随着资源消耗速度的加快，以及绿色发展理念和环境质量价值日趋受到重视，这类产业的内在困境逐渐显现，从过度依赖或主要依赖化石能源向开发和利用绿色新能源转型，是不可回避的现实选择。

（一）传统增长模式的内在困境

以传统汽车产业①为例，一方面，传统汽车产业是一个产业关联度很高的产业，它对相关行业的依赖性和带动作用非常强，对就业和消费的拉动作用也十分明显，因而许多国家在发展过程中都将汽车产业作为国民经济发展的支柱产业；另一方面，传统汽车产业的发展高度依赖石油，而石油是一种可耗竭且污染较高的能源。在长达近一个世纪的时间内，世界各国仅看到并重视汽车产业对工业经济和整个国民经济的增长贡献，却没有实质性重视能源和环境问题。可以说，在能源和环境对汽车产业发展的约束真正受到重视之前，汽车产业的增长实际上建立在以下两个假定基础上：一是假定可以保障能源供给，二是假定汽车消费外部负效应不存在。在不考虑能源供给和消费负外部性条件下，传统汽车产业的增长模式可以简单套用柯布－道格赖斯（Cobb－Douglas）生产函数：

$$Y_{auto} = AL_{auto}^{\alpha}K_{auto}^{\beta} \tag{2.1}$$

其中，Y_{auto} 代表汽车产业的生产总值；A 代表汽车产业的综合生产技术水平；L_{auto} 代表汽车产业的劳动力投入量；K_{auto} 代表汽车产业的资本投入量；α 和 β 分别代表劳动力产出的弹性系数和资本产出的弹性系数。

根据式（2.1），只要投入汽车产业的资本和劳动力增加，或汽车生产技术取得进步，或者两者同时发生，就可以实现汽车产业的增长。这意味着，忽视能源和环境条件，从理论上，传统汽车产业可以通过更多生产要素的投入走粗放型的增长道路，也可以通过生产技术的进步走集约式的增长道路。现实中，许多国家汽车产业的发展经历了一个从粗放式增长到集约式增长的转变，还有一些国家正处于这种形式的转变过程中。

显然，式（2.1）这种增长具有很大的缺陷，是不科学的。原因在于这种增长是以人类忽视能源消耗和对环境的破坏为代价的，没有把能源的消耗和环境污

---

① 这里将依赖石油这一传统能源发展的汽车产业界定为传统能源汽车产业，简称为传统汽车产业。能源和环境约束下，增长难题并非传统汽车产业所独有，而是高度依赖不可再生能源和高污染的产业的共同难题，传统汽车产业是这类产业的典型代表。

染内化到汽车产业的增长中去。当然,这与当时人类社会经济发展处于"以资源和环境换取增长"的特定阶段有关。这一阶段,包括汽车产业在内的全球经济增长以无限制的能源开采和环境破坏为代价。下面我们将论证把能源消耗和环境破坏内化到汽车产业增长模型后,不论式(2.1)基础上的粗放式增长还是集约式增长,在长期都是不存在的。

进一步把能源和环境约束加入传统汽车产业的增长模型,使传统汽车产业增长受到能源和环境约束的内化,即产生硬性的约束力。在环境硬约束条件下,传统汽车产业名义上的增长要大打折扣才是实际的增长。考虑到未来石油能源的价格将随着石油资源的减少而上升,同时环境污染的成本将随着人们对环境质量要求的提高而上升,传统汽车产业的资源和环境成本趋于递增。先将能源约束考虑进来。由于汽车是一个资本密集型的产业,可以把能源对汽车产业增长的约束内化到资本投入中,将上面提到的(2.1)式调整为:

$$Y_{auto} = AL_{auto}^{\alpha}(\min\{K_{auto}, \eta E_n\})^{\beta} \qquad (2.2)$$

其中,Y_{auto}、A、L_{auto}以及α和β的经济含义不变;K_{auto}和E_n分别代表实际的资本投入和实际可以支撑汽车产业的能源投入(实际能源投入);$\eta = K_{auto}^*/E_n^*$,K_{auto}^*和E_n^*分别代表合意资本投入与支撑汽车产业的合意能源投入,表示合意的资本能源比例系数。在此,合意的资本投入指能实现汽车产业理想增长目标的资本投入,合意的能源投入指能保障汽车产业理想增长目标实现所需的能源投入。显然,合意的能源投入是合意的资本投入发挥作用的必要条件。下面将环境约束考虑进来,即将汽车产业带来的环境成本考虑进来,进一步将(2.2)式调整为:

$$Y_{auto} = AL_{auto}^{\alpha}(\min\{K_{auto}, \eta E_n\})^{\beta} - EC_{auto} \qquad (2.3)$$

其中,EC_{auto}表示汽车产业所带来的环境成本,其余变量经济意义与上面相同。根据(2.3)式,投入汽车产业的资本和劳动力增加,或汽车生产技术取得进步,或者两者同时发生,都不能保证汽车产业的可持续增长。

其一,依赖现有能源条件下,实际能源投入与合意能源投入的背离,以及这种背离反过来对资本投入的约束。为更直观地可以看出能源对资本投入的约

束,对(2.3)式稍作变换,可以得出:

$$Y_{auto} = AL_{auto}^{\alpha}(\min\{K_{auto}, K_{auto}^* E_n/E_n^*\})^{\beta} - EC_{auto} \qquad (2.4)$$

其中,$K_{auto}^* E_n/E_n^*$ 表示的是有实际能源投入作为支撑的合意资本投入(简称为有约束的合意资本投入),令 $\overline{K}_{auto}^* = K_{auto}^* E_n/E_n^*$,则将(2.4)式进一步变化为:

$$Y_{auto} = AL_{auto}^{\alpha}(\min\{K_{auto}, \overline{K}_{auto}^*\})^{\beta} - EC_{auto} \qquad (2.5)$$

在传统能源的范围内,石油不可再生的特性和总量有限的现状决定了可供开采量递减直至耗竭是必然的,即 E_n 趋于递减直至为 0,从而 E_n/E_n^* 和有约束的合意资本投入量 $\overline{K}_{auto}^*$ 会越来越小。这种情况下,即便实际资本投入不受其他资源的限制,突破一定的临界值之后,能源约束会抵消传统汽车产业要素投入的增加和生产技术的进步所能带来的增长,式(2.5)中的 $AL_{auto}^{\alpha}(\min\{K_{auto}, \overline{K}_{auto}^*\})^{\beta}$ 增长不可维持。

其二,随着社会的发展,传统汽车产业污染成本呈递增之势。一是汽车数量的增长会带来环境成本的增加;二是特定数量的环境污染量所带来的经济成本会随着人们对环境价值评价的提高而上升。这两方面决定了汽车产业继续依赖石油能源必然导致(2.5)式中的 EC_{auto} 的逐渐上升。

$AL_{auto}^{\alpha}(\min\{K_{auto}, \overline{K}_{auto}^*\})^{\beta}$ 增长的不可维持和 EC_{auto} 的上升趋势,共同构成了传统汽车产业的增长难题,也是所有高度依赖不可再生能源产业所面临的共同难题。

(二)破解困境的理论分析

由上文论述可知,传统汽车产业的增长难题存在的前提在于能源和环境的硬性约束。自然,突破了能源和环境的硬性约束,也就破解了传统汽车产业的增长难题。破解传统汽车产业的增长难题,客观上要求汽车产业实现两个转型,即增长模式的转型和能源依赖的转型。具体而言,在增长模式上,从高能耗、高污染的传统增长模式转到低能耗、低污染的绿色低碳增长模式;在能源依赖上,从依赖不可再生的石油能源转向依赖可再生的、清洁的绿色新能源。

进入 21 世纪后,在可持续发展理念和绿色国民经济核算体系基础上,绿色低碳发展模式日益受到各国青睐,一场全球范围内的经济发展模式转型掀开帷幕。与此同时,鉴于能源是经济增长的发动机,不少国家纷纷制定实施支撑绿色低碳发展模式的新能源战略,全球范围内掀起了一场能源战略革命。以日本为例,2006 年 5 月,日本经济产业省(METI)编制了"新国家能源战略",提出此后 25 年日本能源八大战略及有关配套政策,具体内容包括:①节能先进基准计划;②未来运输用能开发计划;③新能源创新计划;④核能立国计划;⑤能源资源综合确保战略;⑥亚洲能源环境合作战略;⑦强化国家能源应急战略;⑧引导未来能源技术战略。

一方面,推动经济发展模式转型和能源转型,意味着人类在破解受资源和环境约束的传统产业增长难题上迈出了实质性的步伐,也为汽车产业的发展开创了一个广阔的新空间。发展新能源汽车,实际上就是节能减排,是绿色经济体系的重要组成。新能源汽车是"能源革命"渗透到汽车产业的结果,改变了汽车产业传统上对以石油为代表的不可再生能源的依赖。在可再生能源技术达到一定条件下,汽车产业实际的能源投入与合意的能源投入将会完全一致,即 $E_n = E_n^*$,从而 $\overline{K}_{auto}^* = K_{auto}^*$,把这一结果代入(2.5)式可得:

$$Y_{auto} = AL_{auto}^{\alpha}(\min\{K_{auto}, K_{auto}^*\})^{\beta} - EC_{auto} \tag{2.6}$$

显然,式(2.6)中,汽车产业的增长没有了能源约束。在不考虑其他资源约束的条件下,依靠技术进步就可以实现 $AL_{auto}^{\alpha}(\min\{K_{auto}, K_{auto}^*\})^{\beta}$ 部分的可持续增长。

综上所述,新能源技术与新生产技术有机结合和相互推动,共同破解了式(2.5)中 $AL_{auto}^{\alpha}(\min\{K_{auto}, \overline{K}_{auto}^*\})^{\beta}$ 增长的不可维持。

另一方面,对环境污染少是新能源汽车的一个特点。这意味着,式(2.6)中的 EC_{auto} 部分在传统能源汽车时代的增长趋势不仅能得到扭转,还能逐渐减少,变递增之势为递减之势。在污染量减少到适合人类生存状态的自然环境可以承载的范围内时,环境对汽车产业增长的硬性约束实质上就不再存在;相反,低于这一临界值后,进一步减少污染反而会体现出环境质量改善的价值。我们把这种价值记作 EV_{auto},并用 EV_{auto} 来代替式(2.6)中的 EC_{auto},可以得出:

$$Y_{auto} = AL_{auto}^{\alpha} (\min \{ K_{auto}, K_{auto}^{*} \})^{\beta} + EV_{auto} \qquad (2.7)$$

新能源汽车的发展,将改变传统汽车产业增长模型中 AL_{auto}^{α} ($\min \{ K_{auto},$ $\overline{K}_{auto}^{*} \}$)$^{\beta}$ 增长的不可维持以及 EC_{auto} 的上升趋势,从而破解了传统汽车产业的增长难题。毋庸置疑,推动能源结构从化石能源为主向以绿色能源为主的转型是一种必然的趋势。

三、实施绿色新能源战略的微观基础分析

本部分利用微观经济学消费者需求和厂商理论相关的分析工具,分析厂商理性选择与政府对绿色新能源进行补贴的关系,以期为绿色新能源战略的实施提供微观基础。

(一)需 求

假设存在两类最终消费品——同质产品和差异化产品,代表性消费者的效用函数为常数替代弹性(CES)函数:

$$U = Y^{\beta} X^{1-\beta}$$

$$\text{s. t. } E = p_y y + \sum p_i x_i \qquad (2.8)$$

其中,$X = \{ \sum x_i^a \}^{1/a}$,$x_i$ 为差异化产品,E 为本国居民收入。差异化产品 x_i 的需求函数为:

$$x_i = (1 - \beta) E P^{\sigma-1} p_i^{-\sigma} \qquad (2.9)$$

其中,$\sigma = 1/(1 - \alpha) > 1$ 为 x_i 的需求价格弹性,$P = \{ \sum p_i^{1-\sigma} \}^{1/(1-\sigma)}$ 为差异化产品部门的价格指数。

(二)供 给

假设存在两类最终产品生产部门:完全竞争部门(Y)与垄断竞争部门(X)。Y 部门生产同质品 y。X 部门由众多差异化厂商构成,生产水平差异化产品 x_i。存在两种类型的劳动力——技能型劳动力 s(主要指受到高等教育,能够从事复杂劳动)与非技能型劳动力 u(没有受到高等教育,只能从事简单劳动)。差异化

产品 x_i 有两种可供选择的生产工艺 $T(T=H,L)$,采用新能源的汽车生产商采用 H 生产工艺,采用传统能源的汽车生产商采用 L 生产工艺,生产函数分别为:

$$x_H = \varphi s^{\eta} u^{1-\eta} \tag{2.10}$$

$$x_L = \varphi s^{\lambda} u^{1-\lambda} \tag{2.11}$$

其中 $1 > \eta > \lambda > 0$,即 H 生产工艺是技能劳动密集型,L 生产工艺是非技能劳动密集型。φ 为厂商的生产效率。

使用 T 生产技术的总成本函数为:

$$TC(\varphi) = F_T + c_T \frac{q}{\varphi}, T = H, L \tag{2.12}$$

其中,q 为数量,F_H 和 F_L 分别为两种工艺下的固定成本,且 $F_H > F_L$①。C_H 和 C_L 分别为两种生产工艺的单位可变成本,且 $C_H < C_L$②。

鉴于目前新能源汽车的开发会享受政府补贴,我们假设采用 H 生产工艺的厂商会有一个来自政府的补贴 G③,并假定该补贴额是采用新能源厂商投入的固定成本 F_H 的 $\theta(\theta \geqslant 0)$ 倍,$\theta = 0$ 表示没有政府补贴,即该厂商生产传统能源汽车。因而,

$$G_T = \theta F_T, \text{其中} \ T = H, L; \theta \geqslant 0 \tag{2.13}$$

(三)厂商的利润最大化

1. 国内市场的利润

根据 CES 消费函数,利润最大化的价格是边际成本之上的一个价格加成,生产效率为 φ 使用生产技术 T 的厂商的国内价格为:$p_{dT} = \frac{1}{a} \frac{c_T}{\varphi}, T = H, L$。

差异化厂商 i 的产量、收益和利润分别为:

$$q_{dT} = x_{iT} = (1-\beta) EP^{\sigma-1} \left(\frac{1}{a} \frac{c_T}{\varphi} \right)^{-\sigma} \tag{2.14}$$

---

① 因为采用 H 生产工艺的厂商需要更多新技术设备和研发投入。

② 技能型劳动力的边际产出高于非技能型劳动力的边际产出,因而 H 生产工艺比 L 生产工艺的单位可变成本低。

③ 该补贴可能是固定的,也可能是根据厂商的产量多少来定补贴额,本文假定是固定的补贴额。

$$r_{dT} = p_{dT}q_{dT} = \frac{1}{a} \cdot \frac{c_T}{\varphi}(1-\beta)EP^{\sigma-1}\left(\frac{1}{a}\frac{c_T}{\varphi}\right)^{-\sigma} \tag{2.15}$$

$$\pi_{dT} = \frac{1}{\sigma}r_{dT} + G_T - F_T \tag{2.16}$$

2. 出口市场的利润

在开放条件下,差异化厂商除了选择采用何种生产工艺外,还需要选择是否进入出口市场,如果选择出口,厂商需要承担两种类型的成本:初始的固定成本 F_x 以及冰山成本 $\tau(\tau>1)$。假定国外市场的代表性消费者与本国有相同的需求函数,则厂商在出口市场上的利润为:

$$\pi_{xT} = \tau^{1-\sigma}E^*(P^*)^{\sigma-1}\frac{1}{\sigma}\alpha^{\sigma-1}(1-\beta)c_T^{1-\sigma}\varphi^{\sigma-1} + G_T - F_x \tag{2.17}$$

其中,E^* 和 P^* 分别为国外市场的居民总收入和物价指数。

3. 厂商的技术选择和出口决策

厂商采用何种生产工艺以及是否出口,存在四种选择:

(1)采用 L 生产工艺且仅在本国销售;

(2)采用 L 生产工艺且出口;

(3)采用 H 生产工艺且仅在本国销售;

(4)采用 H 生产工艺且出口。

对应的利润水平分别为:

$$\pi_1 = \pi_{dL} = \frac{1}{\sigma}\alpha^{\sigma-1}(1-\beta)EP^{\sigma-1}c_L^{1-\sigma}\varphi^{\sigma-1} - F_L \tag{2.18}$$

$$\pi_2 = \pi_{xL} = \frac{1}{\sigma}\alpha^{\sigma-1}(1-\beta)\left[EP^{\sigma-1} + \tau^{1-\sigma}E^*(P^*)^{\sigma-1}\right]c_L^{1-\sigma}\varphi^{\sigma-1} - F_L - F_x \tag{2.19}$$

$$\pi_3 = \pi_{dH} = \frac{1}{\sigma}\alpha^{\sigma-1}(1-\beta)EP^{\sigma-1}c_H^{1-\sigma}\varphi^{\sigma-1} + (\theta-1)F_H \tag{2.20}$$

$$\pi_4 = \pi_{xH} = \frac{1}{\sigma}\alpha^{\sigma-1}(1-\beta)\left[EP^{\sigma-1} + \tau^{1-\sigma}E^*(P^*)^{\sigma-1}\right]c_H^{1-\sigma}\varphi^{\sigma-1} + (\theta-1)F_H - F_x \tag{2.21}$$

为了解决出口厂商的利润最大化以及技术选择，这里将利润函数分解为四个部分：

（1）使用传统能源服务于国内市场获得的利润：π_{dL}；

（2）使用传统能源从国内转向出口市场上增加的利润：

$$dr_{dx}^{L} = \tau^{1-\sigma} E^{*}(P^{*})^{\sigma-1} c_{L}^{1-\sigma} \varphi^{\sigma-1} \frac{1}{\sigma} \alpha^{\sigma-1}(1-\beta); \qquad (2.22)$$

（3）从传统能源转向绿色新能源且仅在国内销售时增加的利润：

$$dr_{d}^{LH} = EP^{\sigma-1}(c_{H}^{1-\sigma} - c_{L}^{1-\sigma})\varphi^{\sigma-1} \frac{1}{\sigma} \alpha^{\sigma-1}(1-\beta) + \theta F_{H}; \qquad (2.23)$$

（4）从传统能源转向绿色新能源且从国内转向出口市场上销售时增加的利润：

$$dr_{x}^{LH} = \tau^{1-\sigma} E^{*}(P^{*})^{\sigma-1}(c_{H}^{1-\sigma} - c_{L}^{1-\sigma})\varphi^{\sigma-1} \frac{1}{\sigma} \alpha^{\sigma-1}(1-\beta)。 \qquad (2.24)$$

因而，利润函数能够重新写为：

$$\pi_{dL} = \pi_{dL} \qquad (2.25)$$

$$\pi_{xL} = \pi_{dL} + dr_{dx}^{L} - F_{x} \qquad (2.26)$$

$$\pi_{dH} = \pi_{dL} + dr_{d}^{LH} - (F_{H} - F_{L}) \qquad (2.27)$$

$$\pi_{xH} = \pi_{dL} + dr_{dx}^{L} + dr_{d}^{LH} + dr_{x}^{LH} - F_{x} - (F_{H} - F_{L}) \qquad (2.28)$$

结论1：如果一个企业发现出口时，采用 L 生产工艺可以获益，那么采用 H 生产工艺也可以在出口市场上获益，即 $\pi_{xL} > \pi_{dL} \Rightarrow \pi_{xH} > \pi_{dH}$[①]。

定义 $\varphi_{dx}^{L} = \left[\dfrac{\sigma F_{x}}{\tau^{1-\sigma} E^{*}(P^{*})^{\sigma-1} c_{L}^{1-\sigma} \alpha^{\sigma-1}(1-\beta)} \right]^{\frac{1}{\sigma-1}}$ 为 $\pi_{xL} = \pi_{dL}$ 时 φ 的门限值，只要 $\varphi > \varphi_{dx}^{L}$，所有的厂商都选择出口，无论采用传统能源还是绿色新能源。

定义 $\varphi_{dx}^{H} = \left[\dfrac{\sigma F_{x}}{\tau^{1-\sigma} E^{*}(P^{*})^{\sigma-1} c_{H}^{1-\sigma} \alpha^{\sigma-1}(1-\beta)} \right]^{\frac{1}{\sigma-1}}$ 为 $\pi_{xH} = \pi_{dH}$ 时 φ 的门限值，

---

① 证明：该命题是正确的，因为在出口市场上，与采用传统能源的厂商相比，采用绿色新能源的厂商将以更低的价格销售，能够获得更多的收益。

$\pi_{xL} > \pi_{dL} \Rightarrow dr_{dx}^{L} - F_{x} > 0, \pi_{xH} - \pi_{dH} = dr_{dx}^{L} + dr_{x}^{LH} - F_{x} > dr_{dx}^{L} - F_{x} > 0,$ 即 $\pi_{xH} > \pi_{dH}$。

采用绿色新能源的厂商中,生产效率 $\varphi > \varphi_{dx}^H$ 的厂商选择出口;反之,则仅在国内销售。

因为 $c_H < c_L$,所以 $\varphi_{dx}^L > \varphi_{dx}^H$。可以得到以下推论:

推论1:若厂商的生产效率满足 $\varphi > \varphi_{dx}^L$,则无论采用传统能源,还是绿色新能源,均选择出口,因为此时 $\pi_{xL} > \pi_{dL}$ 且 $\pi_{xH} > \pi_{dH}$。

推论2:当厂商的生产效率满足 $\varphi \in (\varphi_{dx}^H, \varphi_{dx}^L)$ 时,若采用传统能源,则选择在本国销售;若采用绿色新能源,则在本国销售的同时出口,因为此时 $\pi_{xL} < \pi_{dL}$ 且 $\pi_{xH} > \pi_{dH}$。

推论3:若厂商的生产效率满足 $\varphi < \varphi_{dx}^H$,无论采用传统能源还是绿色新能源,均选择仅在本国销售,因为此时 $\pi_{xL} < \pi_{dL}$ 且 $\pi_{xH} < \pi_{dH}$。

定义 $\varphi_d^{LH} = \left\{ \dfrac{\sigma \left[(1-\theta) F_H - F_L \right]}{\alpha^{\sigma-1}(1-\beta) E P^{\sigma-1}(c_H^{1-\sigma} - c_L^{1-\sigma})} \right\}^{\frac{1}{\sigma-1}}$ 为 $\pi_{dL} = \pi_{dH}$ 时 φ 的门限值;

定义 $\varphi_x^{LH} = \left\{ \dfrac{\sigma \left[(1-\theta) F_H - F_L \right]}{\alpha^{\sigma-1}(1-\beta) \left[E P^{\sigma-1} + \tau^{1-\sigma} E^* (P^*)^{\sigma-1} \right] (c_H^{1-\sigma} - c_L^{1-\sigma})} \right\}^{\frac{1}{\sigma-1}}$ 为 π_{XL} $= \pi_{XH}$ 时 φ 的门限值,以下将对 θ 的取值进行讨论:

当 $\theta = 0$ 时,任何厂商都没有享受政府补贴,此时,$\varphi_x^{LH} > \varphi_x^{LH}$,可以得到以下结论:

结论2:若厂商的生产效率满足 $\varphi < \varphi_d^{LH}$,则无论其是否出口,均采用绿色新能源,因为此时 $\pi_{dH} > \pi_{dL}$ 且 $\pi_{xH} > \pi_{xL}$。

结论3:当厂商的生产效率满足 $\varphi \in (\varphi_x^{LH}, \varphi_{dx}^L)$ 时,若为出口商,则采用绿色新能源;若仅在本国销售的厂商,则采用传统能源,因为此时 $\pi_{dL} > \pi_{dH}$ 且 $\pi_{xL} < \pi_{xH}$。

结论4:若厂商的生产效率满足 $\varphi < \varphi_x^{LH}$,则无论其是否出口,均采用传统能源,因为此时 $\pi_{dH} < \pi_{dL}$ 且 $\pi_{xH} < \pi_{xL}$。

当 $0 < \theta < 1$ 时,若满足 $(1-\theta) F_H > F_L$,则结论与 $\theta = 0$ 时的情形类似,只是生产效率的门限值发生变化;若不满足,则与以下情形相同。

当 $\theta = 1$ 时,政府补贴正好弥补厂商的固定成本,因而,无论厂商是否出口,均会采用绿色新能源,因为此时 $\pi_{dL} < \pi_{dH}$ 且 $\pi_{xL} < \pi_{xH}$。

$$\pi_{dL} - \pi_{dH} = \frac{1}{\sigma}\alpha^{\sigma-1}(1-\beta)EP^{\sigma-1}c_H^{1-\sigma}\varphi^{\sigma-1} - \left[\frac{1}{\sigma}\alpha^{\sigma-1}(1-\beta)EP^{\sigma-1}c_L^{1-\sigma}\varphi^{\sigma-1} - F_L\right]$$

$$= \frac{1}{\sigma}\alpha^{\sigma-1}(1-\beta)EP^{\sigma-1}(c_H^{1-\sigma} - c_L^{1-\sigma})\varphi^{\sigma-1} + F_L > 0 \qquad (2.29)$$

即 $\pi_{dH} > \pi_{dL}$

$$\pi_{xH} - \pi_{xL} = \frac{1}{\sigma}\alpha^{\sigma-1}(1-\beta)\left[EP^{\sigma-1} + \tau^{1-\sigma}E^*(P^*)^{\sigma-1}\right](c_H^{1-\sigma} - c_L^{1-\sigma})\varphi^{\sigma-1} + F_L$$

$$> 0 \qquad (2.30)$$

即 $\pi_{xH} > \pi_{xL}$

当 $\theta > 1$ 时,政府补贴除弥补厂商固定成本之外还有盈余,因而,厂商也会选择采用绿色新能源。

综上可以看出,政府在推动绿色新能源经济发展中的作用是很强的,短期内,厂商没有足够的动力进入绿色新能源及其关联行业,通过政府补贴可以弥补厂商的研发投入,增强市场主体进入的动力。

第三章　对环境库兹涅茨曲线的
实证考察:碳排放视角

　　环境问题是世界性的问题,需要各国共同面对,也需要从国际层面了解分析现状。以二氧化碳(CO_2)为代表的温室气体排放所导致的全球气候变暖问题是当前人类社会面临的严峻挑战之一。为应对气候变化,第 21 届联合国气候变化大会达成了《巴黎协定》,提出:"全球将尽快实现温室气体排放达峰,本世纪下半叶实现温室气体净零排放。"[1]中国是应对全球气候变化的积极推动者,在"十四五"规划和 2035 年远景目标纲要中明确提出了"制定 2030 年前碳排放达峰行动方案"和"锚定努力争取 2060 年前实现碳中和,采取更加有力的政策和措施"[2],表明力争实现"2030 年前碳达峰、2060 年前碳中和"的"双碳"目标已经成为"十四五"乃至更长时期的国家重要战略决策和政策导向,将引领中国经济社会发展开启长期深度减碳脱碳的新格局。"双碳"目标使得碳约束更为凸显,客观上也要求深化对碳排放的相关研究。

　　当今世界的"碳锁定"[3]特征决定了碳排放是现代经济发展过程中能源消耗

---

　　① 《巴黎气候变化大会通过全球气候新协定》,新华网,http://www.xinhuanet.com/world/2015 – 12/13/c_128524201.htm。

　　② 《中华人民共和国国民经济和社会发展第十四个五年规划和 2035 年远景目标纲要》,中国政府网,http://www.gov.cn/xinwen/2021 – 03/13/content_5592681.htm。

　　③ "碳锁定"指自工业革命以来建立起来的化石能源系统因技术和制度等方面的路径依赖所形成的持续存在下去的内在惯性,也即以碳为基础的化石能源系统具有"锁定效应"。

不可避免的副产品。碳排放是一把双刃剑，既在很大程度上反映了经济活动的规模，又会产生温室效应。推动"碳达峰、碳中和"绝非简单地降低碳排放，而是以提升可持续发展能力为导向的一场广泛而深刻的经济社会系统性变革，本质上是发展问题。处理好这个问题的核心，是以绿色发展理念引领经济高质量发展，需要统筹考虑、协同推进经济社会发展与深度减碳脱碳，处理好碳排放与经济增长的关系，因此，进一步加强对两者关系的研究很有必要。鉴于此，本章利用全球层面1996—2019年的数据，对碳排放量进行国际比较，并借鉴环境库兹涅茨曲线理论构建计量回归模型，利用1996—2019年全球68个国家的面板数据对碳排放与经济增长的关系进行再检验，以期从全球层面把握这一关系的新变化，既有利于理解处于不同发展阶段经济体在这一关系方面所表现出的差异，也有利于更加深刻地理解中国经济增长与碳排放关系的动态演变，有助于探寻通过绿色发展实现"碳达峰、碳中和"的具体路径。

第一节　环境库兹涅茨曲线衡量指标

对于经济增长的衡量，学术界普遍采用人均GDP或人均GNP；对于环境污染的衡量，学者们根据研究需要所选具体指标比较多元丰富。从现实经济活动中产生环境污染的具体领域看，有大气污染、水污染、土壤污染、固体废弃物污染、噪声污染、生物污染等。其中，因全人类共用一个大气圈，大气污染是各个国家和地区都普遍高度关注的问题。大气污染物分为气溶胶状态污染物和气态污染物两大类。气态污染物按照化学组成可以分为含碳化合物、含硫化合物、含氮化合物、碳氢化合物以及含卤素的化合物，含碳化合物主要是一氧化碳（CO）和二氧化碳（CO_2），含硫化合物以二氧化硫（SO_2）为主，含氮化合物主要是一氧化氮（NO）和二氧化氮（NO_2），碳氢化合物主要是烷烃、烯烃、芳香烃和含氧烃，含卤素的化合物主要是氟化氢(HF)和氯化氢(HCL)。

以二氧化碳为代表的温室气体排放所导致的全球气候变暖问题是 21 世纪人类面临的最严峻挑战。2021 年 5 月 27 日,世界气象组织(WMO)发布了新一期气候报告,报告称 2021 年至 2025 年,有 90% 的可能性至少有一年成为有记录以来的最暖年份。报告还指出,未来五年中至少有一年,全球气温将暂时比工业化前升高 1.5℃ 的可能性上调至 40%(2020 年时预测为 20%),且这一概率正随着时间的推移而不断增加。研究表明,气候变化的负面影响超越了国界,危及所有的生灵,包括人类自身。① 毫无疑问,全球气候变暖对全人类来说将是灾难性的结果。正因如此,国际社会对引起气候变暖的温室气体排放高度重视。

化石燃料(包括煤炭、石油、天然气)燃烧是碳排放的主要来源,根据联合国环境规划署(United Nations Environment Programme, UNEP)2020 年 12 月发布的《排放差距报告 2020》(*The Emissions Gap Report 2020*),②2019 年全球温室气体排放量达到 591 亿吨(含土地利用变化带来的排放,若不包括土地因素在内则为 524 亿吨)二氧化碳当量(CO_2e),其中与化石燃料相关的二氧化碳排放量为 380 亿吨 CO_2e,占温室气体排放总量的 64.3%。降低化石燃料产生的二氧化碳是解决大气污染问题的核心,本章接下来的研究围绕化石燃料相关二氧化碳及其与经济增长的关系展开。

---

① 关于气候变化的具体负面影响,可以参考徐新良、张亚庆:《中国气象背景数据集》,中国科学院资源环境科学数据中心数据注册与出版系统(http://www.resdc.cn/DOI),2017. DOI:10.12078/2017121301。

② United Nations Environment Programme. *The Emissions Gap Report 2020*. Nairobi. https://www.unep.org/ emissions – gap – report – 2020.

第二节　二氧化碳排放的国际比较

国际能源署(International Energy Agency,IEA)以及英国石油(BP)公司对全球主要国家和地区化石能源消耗所产生的二氧化碳排放都有连续性统计。根据国际能源署在 2021 年 4 月发布的报告《世界能源评估 2021:全球经济复苏对能源需求和 CO_2 排放的影响评估》(*Global Energy Review 2021*:*Assessing the Effects of Economic Recoveries on Global Energy Demand and CO_2 Emissions in 2021*),2019 年全球化石能源消耗所产生的二氧化碳排放为 334 亿吨 CO_2e,2020 年受新冠疫情影响下降为 315 亿吨 CO_2e;而根据英国石油(BP)公司 2020 年 6 月发布的《世界能源统计年鉴》(*Statistical Review of World Energy 2020*),2019 年全球化石能源消耗所产生的二氧化碳排放为 341.69 亿吨 CO_2e。考虑到英国石油世界能源统计年鉴所发布数据与国际能源署的数据基本一致,而且前者的数据已经包括 2019 年度各个主要国家的排放数据,后者截至 2021 年 6 月时 2019 年度数据仅包括了全部经济合作与发展组织(OECD)国家和中国、印度、巴西等个别发展中国家,因此下面利用英国石油世界能源统计年鉴数据库中的数据进行具体分析。

一、碳排放总量的国际比较

表 3-1 反映了全球以及 2019 年碳排放量前 20 名国家 1995—2019 年化石能源燃烧(即消耗)所产生的碳排放量。从全球层面看,1995—2019 年,碳排放总量从 219.83 亿吨 CO_2e 增加至 341.69 亿吨 CO_2e,年均增长 1.85%。分时间段看,1995—2000 年碳排放量年均增长 1.50%,2000—2005 年碳排放量年均增长 3.55%,2005—2010 年碳排放量年均增长 1.67%,2010—2019 年碳排放量年均增长 1.06%。对比可知,2000—2005 年为碳排放量增速较快时期,其中 2003 年、2004 年和 2005 年的同比增速分别为 4.98%、5.08% 和 4.10%,连续三年超过

4%;2010 年以来尽管碳排放量总体上仍在增长,但增速有所放缓。

表 3－1　1995—2019 年全球主要碳排放国家碳排放量(1)　　单位:百万吨 CO_2e

国家	1995	2000	2005	2010	2011	2012	2013	2014
全球	21982.9	23676.4	28186.5	31085.5	31973.4	32273.5	32795.6	32804.7
中国	3028.8	3360.9	6098.2	8143.4	8824.3	9001.3	9244.0	9239.9
美国	5228.0	5740.8	5873.1	5485.7	5336.4	5090.0	5249.6	5254.6
印度	773.1	959.0	1203.6	1660.7	1735.2	1848.1	1929.4	2083.5
俄罗斯	1616.4	1452.8	1465.9	1492.2	1555.8	1569.1	1527.7	1530.8
日本	1192.7	1235.2	1299.2	1201.8	1210.3	1296.1	1282.9	1249.3
德国	889.4	854.4	826.3	783.2	763.7	773.0	797.6	751.1
伊朗	248.9	313.9	416.3	518.1	531.6	535.1	564.6	578.2
韩国	372.7	440.7	498.6	590.9	617.7	614.6	619.5	614.9
印度尼西亚	195.5	269.3	340.1	428.0	480.1	513.0	532.9	486.1
沙特阿拉伯	242.1	278.2	358.6	486.3	501.7	526.4	535.3	570.9
加拿大	462.1	527.6	542.7	530.1	541.0	526.3	544.1	553.5
南非	351.2	371.6	421.7	476.7	467.8	463.8	464.2	469.1
墨西哥	294.9	353.8	416.6	442.6	465.8	474.0	472.5	459.6
巴西	251.7	301.7	330.0	398.3	423.8	442.9	482.9	503.8
澳大利亚	311.5	358.2	383.1	402.6	409.7	402.6	399.0	405.7
英国	558.8	566.4	579.4	530.1	495.6	512.1	500.0	458.1
波兰	341.3	299.8	307.2	323.8	324.0	308.1	310.4	293.3
泰国	153.9	169.7	227.5	248.3	253.5	270.6	273.9	280.7
法国	356.2	381.5	389.8	360.4	334.1	335.6	334.9	301.3
越南	27.2	47.0	86.3	121.9	135.0	132.7	140.8	157.4

表 3 - 1　1995—2019 年全球主要碳排放国家碳排放量(2)　单位:百万吨 CO_2e

国家	2015	2016	2017	2018	2019	2019 年占比(%)	2010—2019 年累计占比(%)
全球	32787.2	32936.1	33279.5	34007.9	34169.0	100.0	100.0
中国	9186.0	9137.6	9298.0	9507.1	9825.8	28.76	27.86
美国	5141.4	5042.4	4983.9	5116.8	4964.7	14.53	15.75
印度	2149.4	2242.9	2329.8	2452.5	2480.4	7.26	6.37
俄罗斯	1491.0	1504.8	1486.9	1548.4	1532.6	4.49	4.64
日本	1209.9	1193.2	1187.5	1164.2	1123.1	3.29	3.69
德国	755.6	770.5	760.9	731.3	683.8	2.00	2.31
伊朗	570.2	596.6	612.6	644.1	670.7	1.96	1.77
韩国	624.2	629.6	645.2	662.2	638.6	1.87	1.91
印度尼西亚	497.9	502.0	527.0	580.7	632.1	1.85	1.58
沙特阿拉伯	588.4	599.5	593.0	573.8	579.9	1.70	1.69
加拿大	546.2	537.8	549.1	565.6	556.2	1.63	1.66
南非	451.7	470.5	465.8	470.4	478.8	1.40	1.43
墨西哥	463.1	468.8	476.9	466.6	455.0	1.33	1.42
巴西	487.0	450.4	457.2	442.3	441.3	1.29	1.38
澳大利亚	411.3	411.8	409.6	411.1	428.3	1.25	1.25
英国	439.7	415.8	404.1	396.9	387.1	1.13	1.38
波兰	293.3	306.0	315.5	319.5	303.9	0.89	0.94
泰国	291.4	298.2	299.0	306.1	301.7	0.88	0.86
法国	306.7	312.1	318.1	307.2	299.2	0.88	0.98
越南	183.4	195.5	196.1	237.0	285.9	0.84	0.54

数据来源:根据英国石油世界能源统计年鉴 2020 整理计算得出。

注:表中碳排放量仅反映了石油、天然气和煤炭使用燃烧过程中所产生的碳排放量。

　　从不同国家排放情况的比较看,1995 年时化石能源消耗所产生碳排放量排名前五位的国家从高到低依次是:美国(52.28 亿吨 CO_2e,占 23.78%)、中国(30.29 亿吨 CO_2e,占 13.78%)、俄罗斯(16.16 亿吨 CO_2e,占 7.35%)、日本(11.93 亿吨 CO_2e,占 5.43%)、德国(8.89 亿吨 CO_2e,占 4.05%),前五大排放国合计占 54.38%。1998 年印度超过德国成为第五大化石能源消耗碳排放国,到 2000 年排名前五位国家的碳排放量和所占比重依次为:美国(57.41 亿吨 CO_2e,占 24.25%)、中国(33.61 亿吨 CO_2e,占 14.19%)、俄罗斯(14.53 亿吨 CO_2e,占 6.14%)、日本(12.35 亿吨 CO_2e,占 5.22%)、印度(9.59 亿吨 CO_2e,占 4.05%),前五大排放国合计占 53.85%,较 1995 年有轻微下降。

到 2005 年时,中国超过美国成为全球第一大化石能源消耗碳排放国,全球排名前五位国家的碳排放量和所占比重分别变化为:中国(60.98 亿吨 CO_2e,占 21.64%)、美国(58.73 亿吨 CO_2e,占 20.84%)、俄罗斯(14.66 亿吨 CO_2e,占 5.20%)、日本(12.99 亿吨 CO_2e,占 4.61%)、印度(12.04 亿吨 CO_2e,占 4.27%),合计占 56.55%,较 2000 年时上升 2.7 个百分点。2007 年和 2009 年,印度先后超过日本和俄罗斯成为全球第四大和第三大化石能源消耗碳排放国,到 2010 年时全球排名前五位国家的碳排放量和所占比重分别变化为:中国(81.43 亿吨 CO_2e,占 26.20%)、美国(54.86 亿吨 CO_2e,占 17.65%)、印度(16.61 亿吨 CO_2e,占 5.34%)、俄罗斯(14.92 亿吨 CO_2e,占 4.80%)、日本(12.02 亿吨 CO_2e,占 3.87%),合计占 57.85%,较 2005 年时进一步上升 1.3 个百分点。

2010 年以后,碳排放排名前五位国家的顺序一直保持未变(见图 3-1),到 2019 年碳排放量和所占比重分别变化为:中国(98.26 亿吨 CO_2e,占 28.76%)、美国(49.65 亿吨 CO_2e,占 14.53%)、印度(24.80 亿吨 CO_2e,占 7.26%)、俄罗斯(15.33 亿吨 CO_2e,占 4.49%)、日本(11.23 亿吨 CO_2e,占 3.29%),合计占 56.55%,较 2000 年时上升 2.7 个百分点。

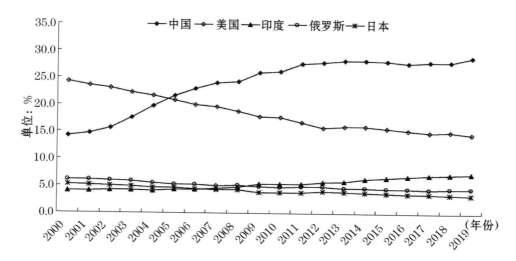

图 3 - 1 主要碳排放国碳排放所占比重的变化

数据来源:根据英国石油世界能源统计年鉴 2020 相关数据绘制。

总的来看,全球主要碳排放国家中,美、日已经实现排放总量达峰,中国和印度等发展中国家的碳排放量仍持续上升,但中国碳排放量的增长速度已经明显趋缓。

二、人均排放量的国际比较

人均碳排放量将人口因素也纳入进来,是考察不同国家和地区碳排放情况的另一重要指标,表 3 - 2 反映了 1991—2019 年代表性国家及世界平均的人均碳排放量。对表 3 - 2 中的数据进行比较分析,可以得出以下几个特点:

表 3 - 2 部分国家人均碳排放(1)　　　　　单位:吨/人

国家	1991	1992	1993	1994	1995	1996	1997	1998	1999	2000
卡塔尔	32.2	49.2	52.2	52.6	52.7	38.5	40.1	41.9	45.6	37.9
沙特阿拉伯	52.0	47.8	46.9	48.5	47.7	46.3	45.8	44.4	42.2	39.7
科威特	5.6	–	–	–	24.3	23.7	23.3	25.9	25.3	25.1
美国	19.5	19.5	19.7	19.7	19.6	20.1	20.1	20.0	20.0	20.3

续表

国家	1991	1992	1993	1994	1995	1996	1997	1998	1999	2000
澳大利亚	16.3	16.3	16.5	16.9	17.2	17.5	17.9	18.2	18.9	18.7
加拿大	15.1	15.4	15.0	15.4	15.8	15.9	16.3	16.6	16.6	17.2
德国	12.1	11.5	11.3	11.0	10.9	11.2	10.8	10.7	10.4	10.4
日本	8.9	9.0	8.9	9.4	9.5	9.6	9.6	9.3	9.6	9.7
英国	10.5	10.2	10.0	9.7	9.6	10.0	9.6	9.6	9.4	9.6
意大利	7.0	6.9	6.9	6.8	7.2	7.1	7.2	7.4	7.4	7.6
法国	6.7	6.4	6.1	5.9	6.0	6.2	6.0	6.4	6.4	6.3
瑞士	6.5	6.5	6.1	6.2	5.8	6.0	6.2	6.3	6.2	6.0
中国	2.1	2.2	2.4	2.5	2.5	2.6	2.6	2.5	2.6	2.7
印度	0.7	0.7	0.7	0.8	0.8	0.8	0.9	0.9	0.9	0.9
世界平均	4.0	3.9	3.9	3.9	3.9	3.9	3.9	3.8	3.8	3.9

表3-2　部分国家人均碳排放(2)　　　　　　单位:吨/人

国家	2001	2002	2003	2004	2005	2006	2007	2008	2009	2010
卡塔尔	35.7	40.3	41.1	43.7	43.9	39.3	37.6	35.4	31.1	32.5
沙特阿拉伯	37.9	38.3	38.5	37.7	34.9	31.9	30.1	29.8	26.0	25.2
科威特	24.8	25.2	29.7	33.0	35.5	31.7	29.2	30.0	28.8	29.1
美国	19.8	19.7	19.8	19.9	19.9	19.4	19.5	18.7	17.2	17.7
澳大利亚	18.6	18.6	18.7	19.4	18.8	19.6	19.6	19.7	18.9	18.3
加拿大	16.9	17.1	17.3	17.0	16.8	16.2	16.8	16.4	15.0	15.6
德国	10.6	10.4	10.4	10.3	10.0	10.2	9.9	9.9	9.2	9.6
日本	9.7	9.7	10.0	9.9	10.2	10.0	10.1	10.1	8.8	9.4
英国	9.8	9.4	9.5	9.6	9.6	9.6	9.3	9.1	8.2	8.4
意大利	7.5	7.6	7.8	8.1	8.0	8.0	7.8	7.5	6.6	6.7
法国	6.2	6.2	6.2	6.2	6.2	6.0	5.8	5.7	5.5	5.5

续表

国家	2001	2002	2003	2004	2005	2006	2007	2008	2009	2010
瑞士	6.4	6.0	5.9	5.9	5.9	6.0	5.4	5.7	5.7	5.4
中国	2.8	3.0	3.5	4.1	4.7	5.1	5.5	5.6	5.8	6.1
印度	0.9	0.9	1.0	1.0	1.0	1.1	1.2	1.2	1.3	1.3
世界平均	3.9	3.9	4.1	4.2	4.3	4.4	4.5	4.5	4.3	4.5

表 3-2 部分国家人均碳排放（3） 单位：吨/人

国家	2011	2012	2013	2014	2015	2016	2017	2018	2019	平均
卡塔尔	33.8	35.4	36.3	37.5	40.5	38.3	35.6	36.0	36.2	39.8
沙特阿拉伯	24.9	25.5	27.1	26.6	28.8	29.6	29.6	29.6	28.9	35.9
科威特	27.1	28.7	28.5	24.5	25.7	26.0	23.3	22.8	23.1	23.4
美国	17.1	16.2	16.6	16.5	16.0	15.6	15.3	15.7	15.1	18.4
澳大利亚	18.3	17.7	17.2	17.3	17.3	17.0	16.7	16.5	16.9	17.9
加拿大	15.8	15.2	15.5	15.6	15.3	14.9	15.0	15.3	14.8	15.9
德国	9.5	9.6	9.9	9.3	9.3	9.4	9.2	8.8	8.2	10.1
日本	9.5	10.2	10.1	9.8	9.5	9.4	9.4	9.2	8.9	9.6
英国	7.8	8.0	7.8	7.1	6.8	6.3	6.1	6.0	5.8	8.7
意大利	6.5	6.2	5.7	5.2	5.4	5.4	5.5	5.5	5.4	6.8
法国	5.1	5.1	5.1	4.5	4.6	4.7	4.8	4.6	4.5	5.7
瑞士	5.1	5.2	5.4	4.7	4.8	4.5	4.6	4.4	4.5	5.6
中国	6.6	6.7	6.8	6.8	6.7	6.6	6.7	6.8	7.0	4.5
印度	1.4	1.5	1.5	1.6	1.6	1.7	1.7	1.8	1.8	1.2
世界平均	4.6	4.6	4.6	4.5	4.5	4.4	4.5	4.5	4.5	4.2

注：科威特为 26 年的平均值，其他国家为 29 年的平均值；世界平均是世界上所有国家的均值。

数据来源：根据英国石油世界能源统计年鉴中碳排放数据和世界银行数据库中人口数据计算得出。

　　第一，人均碳排放量位居第一梯队的是卡塔尔、沙特阿拉伯、科威特等中东石油生产国，人均碳排放量长期维持在 30 吨以上，这些国家在很大程度上属于"奢侈排放"①。表 3 - 2 显示，1990 年卡塔尔、沙特阿拉伯、科威特的人均碳排放量分别为 32.2 吨、52.0 吨和 5.6 吨，分别是当年世界平均排放水平的 8.05 倍、13 倍和 1.4 倍，是当年中国人均碳排放量的 15.3 倍、24.8 倍和 2.7 倍。从变动趋势看，卡特尔人均碳排放量 1993—1995 年连续超过 52 吨，之后有所下降，近十年多数年份在 35~40 吨的区间波动，明显高于其他国家。沙特阿拉伯的人均碳排放量总体上有较明显下降，到 2000 年下降至 40 吨以下，到 2008 年进一步下降至 30 吨以下，2012—2019 年间一直在 25~30 吨区间波动，依然处于较高的排放水平。科威特的人均碳排放量 1995 年开始超过 20 吨，2004 年又进一步超过 30 吨，2005 年达到 35.5 吨的最高值后开始呈现下降态势，近十年大体上在 25 吨左右波动，也处于较高的排放水平。

　　第二，人均排放量位居第二梯队的是欧美主要发达国家，其中美国、澳大利亚、加拿大、德国 1991—2019 年的年度平均排放量在 10~20 吨之间。表 3 - 2 显示，1991 年美国、澳大利亚、加拿大、德国、英国、日本、意大利和法国的人均碳排放量分别为 19.5 吨、16.3 吨、15.1 吨、12.1 吨、10.5 吨、8.9 吨、7.0 吨和 6.7 吨，分别是当年世界平均水平的 4.9 倍、4.1 倍、3.8 倍、3.0 倍、2.6 倍、2.2 倍、1.8 倍和 1.7 倍，分别是当年中国人均碳排放量的 9.3 倍、7.8 倍、7.2 倍、5.8 倍、5.0 倍、4.2 倍、3.3 倍和 3.2 倍。到 2019 年，美国、澳大利亚、加拿大、德国、英国、日本、意大利和法国的人均碳排放量分别为 15.1 吨、16.9 吨、14.8 吨、8.2 吨、5.8 吨、8.9 吨、5.4 吨和 4.5 吨，除法国外均超出世界人均碳排放量。

　　第三，中国人均碳排放量总体上呈增长态势，但 2012 年以来增速明显放缓，且绝对量仍明显低于主要发达国家的人均碳排放量。1991 年中国人均碳排放量为 2.1 吨，为世界人均排放量的 52.5%；到 2004 年中国人均碳排放量增加到 4.1

①　周伟、米红：《中国碳排放：国际比较与减排战略》，《资源科学》2010 年第 8 期。

吨,接近当年世界人均排放量 4.2 吨;2005 年开始,中国人均碳排放量超过了世界人均排放量并延续增长态势,到 2011 年达到 6.6 吨。2012 年以来,中国人均碳排放量进入相对稳定状态,2012—2018 年一直在 6.7 吨左右轻微波动,2019 年首次达到 7.0 吨,但仍明显低于美国、澳大利亚、加拿大、日本以及德国等主要发达国家当年的人均排放量,这几个国家 2019 年的人均碳排放量分别是中国的 2.2 倍、2.4 倍、2.1 倍、1.3 倍和 1.2 倍。

三、碳排放强度的国际比较

碳排放强度指每单位国内/地区生产总值(GDP)所带来的二氧化碳排放量,反映了一个国家和地区碳排放量与经济增长之间的关系,是考察不同国家和地区碳排放情况的又一重要指标,表 3 - 3 给出了按 2010 年不变价美元折算 GDP 计算的 1991—2019 年部分代表性国家的碳排放强度。

由表 3 - 3 可知,乌克兰的碳排放强度始终处于"居高不下"状态,考察期内一直位居第一。白俄罗斯、中国、俄罗斯、印度、埃及可以归入碳排放强度第二梯队,考察期内碳排放强度均有较明显下降。1995 年五个国家的碳排放强度分别为 30.30 吨/万美元、27.15 吨/万美元、16.12 吨/万美元、12.37 吨/万美元和 10.02 吨/万美元,到 2005 年分别下降至 13.85 吨/万美元、17.12 吨/万美元、11.44 吨/万美元、10.08 吨/万美元和 9.07 吨/万美元,到 2019 年分别进一步下降至 9.33 吨/万美元、8.53 吨/万美元、8.70 吨/万美元、8.44 吨/万美元和 7.20 吨/万美元,中国的排放强度在五个国家中处于第三位。从 1991 年到 2019 年,中国的碳排放强度累计下降 68.6%,若自 2005 年开始计算到 2019 年累计下降 50.2%,超额实现了中国向国际社会承诺的 2020 年碳强度削减目标。① 其余国家的碳排放强度处于相对较低状态,基本上可归为第三梯队。

---

① 2009 年 12 月,世界气候大会在丹麦哥本哈根举行,时任中国国务院总理温家宝向国际社会郑重承诺中国的碳减排目标:到 2020 年,中国单位 GDP 二氧化碳排放将比 2005 年下降 40% ~45%。

表 3 - 3 部分国家碳排放强度(1)   单位:吨/万美元

国家	1991	1992	1993	1994	1995	1996	1997	1998	1999	2000
乌克兰	36.84	35.82	34.66	37.08	40.82	40.70	39.43	39.48	39.78	37.56
白俄罗斯	30.30	31.13	28.39	26.87	26.06	26.00	23.63	21.26	19.69	18.20
中国	27.15	24.98	23.69	22.09	20.52	19.59	17.87	16.55	16.01	15.06
俄罗斯	16.12	18.03	18.06	18.81	18.37	18.46	17.05	17.78	16.71	15.27
印度	12.37	12.41	12.23	11.98	11.89	11.61	11.74	11.58	10.83	10.98
埃及	10.02	9.52	9.20	8.94	9.04	9.16	9.07	8.94	8.86	8.70
美国	5.47	5.38	5.35	5.22	5.12	5.10	4.95	4.77	4.60	4.55
澳大利亚	4.63	4.64	4.57	4.56	4.52	4.48	4.45	4.37	4.37	4.22
加拿大	4.26	4.35	4.20	4.15	4.19	4.21	4.52	4.52	4.40	4.37
德国	3.58	3.35	3.35	3.21	3.13	3.19	3.05	2.96	2.82	2.74
英国	3.73	3.61	3.44	3.23	3.14	3.18	2.95	2.86	2.71	2.70
日本	2.28	2.28	2.28	2.39	2.36	2.32	2.30	2.26	2.33	2.31
巴西	1.71	1.80	1.81	1.79	1.82	1.91	1.94	2.01	2.02	1.96
法国	2.04	1.95	1.87	1.76	1.76	1.82	1.72	1.77	1.71	1.63
瑞典	1.87	1.95	1.97	2.00	1.84	1.97	1.75	1.87	1.71	1.45
挪威	1.04	1.06	1.06	1.07	1.03	1.06	1.05	1.05	1.02	0.93
瑞士	1.03	1.04	0.99	1.00	0.94	0.97	0.99	0.97	0.94	0.88

表3-3　部分国家碳排放强度(2)　　　单位:吨/万美元

国家	2001	2002	2003	2004	2005	2006	2007	2008	2009	2010
乌克兰	33.74	31.94	29.71	25.15	24.01	23.07	21.73	20.64	20.73	21.09
白俄罗斯	16.59	15.85	14.47	14.87	13.85	13.08	11.80	11.22	10.76	10.51
中国	14.57	14.56	15.61	16.68	17.12	16.63	15.78	14.67	14.01	13.38
俄罗斯	14.66	14.00	13.30	12.37	11.44	11.07	10.15	9.82	9.90	9.79
印度	10.57	10.72	10.36	10.07	10.08	9.72	9.84	10.24	10.34	9.91
埃及	8.95	8.43	8.80	8.79	9.07	8.72	8.63	8.57	8.51	8.62
美国	4.43	4.37	4.30	4.22	4.10	3.93	3.92	3.80	3.62	3.66
澳大利亚	4.17	4.06	4.01	4.00	3.85	3.96	3.84	3.79	3.66	3.51
加拿大	4.29	4.24	4.17	3.97	3.78	3.53	3.46	3.38	3.22	3.29
德国	2.75	2.71	2.74	2.67	2.58	2.54	2.37	2.34	2.31	2.31
英国	2.67	2.52	2.48	2.45	2.40	2.34	2.24	2.21	2.12	2.14
日本	2.29	2.29	2.33	2.26	2.29	2.22	2.21	2.25	2.07	2.11
巴西	1.99	1.94	1.90	1.88	1.86	1.82	1.79	1.81	1.71	1.80
法国	1.61	1.58	1.60	1.56	1.54	1.46	1.39	1.39	1.37	1.36
瑞典	1.46	1.45	1.52	1.40	1.33	1.30	1.19	1.14	1.14	1.14
挪威	0.97	0.94	0.97	0.95	0.90	0.88	0.85	0.83	0.85	0.86
瑞士	0.94	0.89	0.87	0.85	0.84	0.83	0.72	0.75	0.78	0.72

表3-3　部分国家碳排放强度(3)　　　　单位:吨/万美元

国家	2011	2012	2013	2014	2015	2016	2017	2018	2019	平均
乌克兰	21.12	20.68	19.81	18.22	15.87	17.21	14.63	14.71	13.68	27.24
白俄罗斯	9.45	9.54	9.38	9.07	8.74	9.03	8.99	9.35	9.33	16.12
中国	13.23	12.51	11.93	11.10	10.31	9.59	9.13	8.74	8.53	15.57
俄罗斯	9.78	9.48	9.07	9.03	8.97	9.03	8.77	8.90	8.70	12.86
印度	9.84	9.94	9.75	9.80	9.37	9.03	8.76	8.69	8.44	10.45
埃及	8.50	8.80	8.55	8.49	8.30	8.31	8.05	7.73	7.20	8.71
美国	3.51	3.27	3.31	3.23	3.07	2.97	2.86	2.86	2.71	4.09
澳大利亚	3.49	3.30	3.19	3.16	3.14	3.05	2.97	2.90	2.95	3.86
加拿大	3.25	3.11	3.14	3.10	3.04	2.97	2.94	2.97	2.87	3.72
德国	2.16	2.18	2.24	2.06	2.05	2.04	1.96	1.86	1.73	2.59
英国	1.97	2.01	1.92	1.71	1.61	1.49	1.42	1.38	1.33	2.41
日本	2.13	2.24	2.18	2.11	2.02	1.98	1.93	1.89	1.81	2.20
巴西	1.85	1.89	2.00	2.08	2.08	1.99	2.00	1.91	1.88	1.89
法国	1.24	1.24	1.23	1.10	1.10	1.11	1.11	1.05	1.01	1.49
瑞典	1.01	0.96	0.93	0.87	0.84	0.83	0.79	0.76	0.78	1.35
挪威	0.84	0.81	0.80	0.77	0.76	0.73	0.71	0.71	0.68	0.90
瑞士	0.67	0.69	0.71	0.62	0.62	0.59	0.59	0.55	0.56	0.81

数据来源:根据英国石油世界能源统计年鉴中碳排放数据和世界银行数据库中的GDP(以2010年不变价美元衡量)数据计算得出。

第三节　碳排放影响因素实证分析

一、理论模型构建及数据说明

借鉴EKC理论以及相关的实证研究文献所用模型,本文对EKC的实证检验模型如下：

$$LnCO_{2it} = \alpha_0 + \alpha_1 Lny_{it} + \alpha_2 (Lny_{it})^2 + \alpha_3 (Lny_{it})^3 + \sum_{i}^{n} \beta_i X_{it} + \varepsilon_{it} \tag{3.1}$$

其中，i 表示各个国家，t 表示时间。被解释变量 CO_2 为人均 CO_2 排放量；y 为人均收入；X 为控制变量，包括工业化水平（industry）和对外开放程度（open），分别用工业总产值占 GDP 的比重和进出口总额占 GDP 的比重表示。有学者进行了总结，认为人均收入和人均 CO_2 排放量的关系主要分为四种形式[①]：

①若 $\alpha_1 > 0, \alpha_2 < 0, \alpha_3 = 0$，则人均收入与人均 CO_2 排放量呈倒 U 型；

②若 $\alpha_1 < 0, \alpha_2 > 0, \alpha_3 = 0$，则人均收入与人均 CO_2 排放量呈 U 型；

③若 $\alpha_1 > 0, \alpha_2 < 0, \alpha_3 > 0$，则人均收入与人均 CO_2 排放量呈 N 型；

④若 $\alpha_1 < 0, \alpha_2 > 0, \alpha_3 < 0$，则人均收入与人均 CO_2 排放量呈倒 N 型；

本节的 CO_2 排放量数据来源于《英国石油世界能源统计年鉴》，其他数据来源于世界银行世界发展指标（WDI）数据库，时间跨度为 1996—2019 年。根据数据可获得性和数据质量，共筛选出 68 个国家作为样本，并根据世界银行所界定的标准（见表 3 - 4）将这 68 个国家划分为 35 个高收入国家和 33 个中等收入国家。

表 3 - 4　世界银行收入划分标准

组别	2020 年 7 月 1 日	2019 年 7 月 1 日
低收入	< 1036 美元	< 1026 美元
中等收入	1036 ~ 12535 美元	1026 ~ 12375 美元
高收入	> 12535 美元	> 12375 美元

资料来源：世界银行网站。

---

① Shen, J. Trade Liberalization and Environmental Degradation in China. Applied Economics, 2008, 40, 997 - 10074.

利用散点图对世界各国人均二氧化碳排放量与人均 GNI 数据进行初步分析,可以看出不同收入国家经济增长与污染排放之间的关系。从图 3 − 2 可以看出,在达到拐点之前,世界经济增长与二氧化碳排放量大体上保持了正相关性关系,即随着人均国民收入的增长,二氧化碳排放量不断增加,不过增长速度有所减缓;在达到拐点之后,随着人均过敏收入的进一步增加,二氧化碳排放量呈现减少的趋势。图 3 − 3 和图 3 − 4 表示按高收入以及中等收入的分类分别绘制出的高收入国家和中等收入国家二氧化碳排放量和人均国民收入的散点图,可以看出,两类国家二氧化碳排放量和人均国民收入的关系均符合环境库兹涅茨曲线,不过高收入国家的人均排放量要远高于中等收入国家。

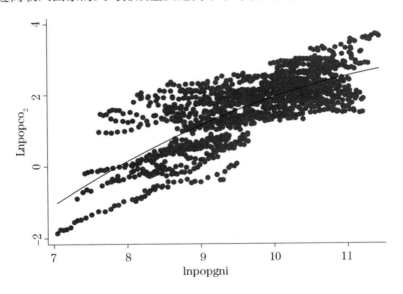

图 3 − 2 所有样本的人均二氧化碳排放量与人均 GNI 散点图

注:Lnpopco$_2$ 表示人均二氧化碳排放量取对数,lnpopgni 表示人均国民总收入取对数,下同。

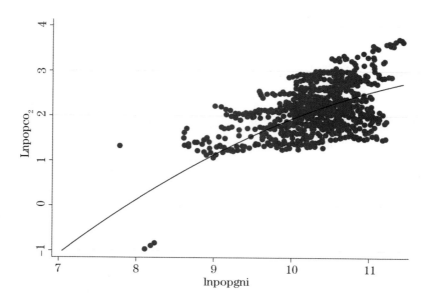

图 3 - 3　高收入国家人均二氧化碳排放量与人均 GNI 散点图

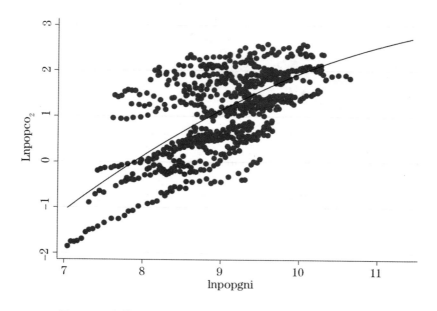

图 3 - 4　中等收入国家人均二氧化碳排放量与人均 GNI 散点图

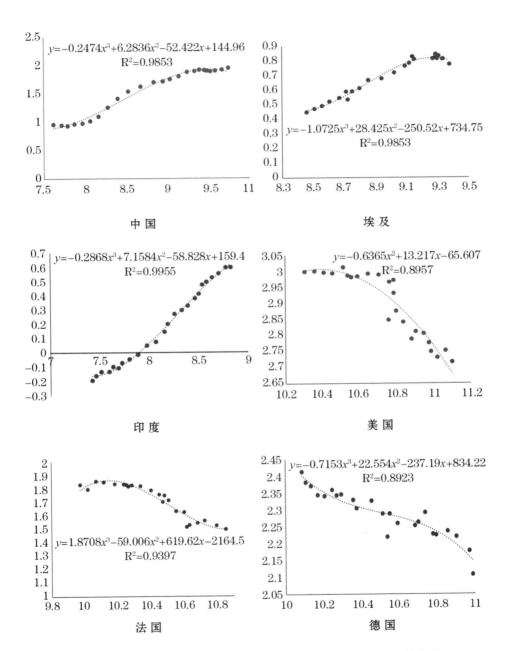

图 3 - 5　高收入国家和中等收入国家人均二氧化碳与人均 GNI 散点图

由图 3 - 5 可以看出,以美国、法国、德国为代表的高收入国家位于库兹涅茨曲线的右侧,以中国、埃及、印度为代表的中等收入国家位于库兹涅茨曲线的左侧。这也表明,主要发展中经济体经济增长与污染排放仍表现为正相关关系,尚未达到或正在进入"倒 U"型的拐点;主要发达经济体已经过了拐点,经济增长与污染排放的关系表现为负相关关系。

二、实证结果与分析

本部分采用面板数据型将样本国家和地区分为高收入和中等收入进行回归分析。表 3 - 5 给出了利用 68 个全样本数据、35 个高收入国家样本数据以及 33 个中等收入样本数据对人均二氧化碳排放量影响因素的回归估计值,豪斯曼(Hausman)检验结果表明全样本与分样本均采用固定效应模型。① 除此利用中等收入国家样本回归时对外开放程度对人均二氧化碳排放量的影响不显著之外,其余均十分显著,这说明人均二氧化碳排放量除了受人均国民收入影响之外,还受包括产业结构、经济对外开放程度等因素的影响。人均国民收入对人均二氧化碳排放量的影响可以称为收入减排效应,产业结构对人均二氧化碳排放量的影响可以称为结构减排效应,对外开放程度对人均二氧化碳排放量的影响可以称为开放减排效应。

表 3 - 5　人均二氧化碳排放量影响因素估计

解释变量	全样本(N = 68)		高收入国家(N = 35)		中等收入国家(N = 33)	
	FE	RE	FE	RE	FE	RE
Lny	7.568 ***	7.295 ***	17.183 ***	23.075 ***	16.806 ***	16.916 ***
	(0.000)	(0.000)	(0.000)	(0.000)	(0.000)	(0.000)
$(Lny)^2$	- 0.642 ***	- 0.612 ***	- 1.633 ***	- 2.215 ***	- 1.734 ***	- 1.747 ***
	(0.000)	(0.000)	(0.000)	(0.000)	(0.000)	(0.000)

① 豪斯曼(Hausman)检验的原假设为固定效应干扰项与解释变量不相关,当 $p < 0.05$ 时,拒绝原假设,选择固定效应模型;当 $p > 0.05$ 时,接受原假设,选择随机效应模型。

续表

解释变量	全样本(N=68)		高收入国家(N=35)		中等收入国家(N=33)	
	FE	RE	FE	RE	FE	RE
(Lny)³	0.0174 ***	0.016 ***	0.051 ***	0.071 ***	0.061 ***	0.061 ***
	(0.000)	(0.000)	(0.000)	(0.000)	(0.000)	(0.000)
Open	-0.734 ***	-0.556 **	-0.105 ***	-0.086 ***	0.047	0.053
	(0.0002)	(0.018)	(0.000)	(0.000)	(0.217)	(0.171)
Industry	0.0023 **	0.002 *	0.013 ***	0.0125 ***	-0.003 ***	-0.003 ***
	(0.033)	(0.057)	(0.000)	(0.000)	(0.033)	(0.05)
常数项 c	-40.96 ***	-40.17 ***	-71.63 ***	-91.54 ***	-67.32 ***	-67.63 ***
	(0.000)	(0.000)	(0.000)	(0.000)	(0.000)	(0.000)
样本量	1609	1609	831	831	778	778
R^2	0.361	0.359	0.241	0.238	0.478	0.478
Hausman	0.000		0.000		0.006	
曲线形状	N型	N型	N型	N型	N型	N型

注:***、**和*分别表示在1%、5%和10%的水平上显著。

表3-5中的固定效应模型结果显示:①无论全样本、高收入国家样本还是中等收入国家样本,人均国民收入与人均二氧化碳排放量均呈N型关系,这表明人均收入水平的提升并不一定会带来人均二氧化碳的下降,即收入的减排效应是不稳定的。②就对外开放程度对人均二氧化碳排放量的影响而言,高收入国家样本的回归系数为负且通过显著性检验,中等收入国家样本的回归系数为正但没有通过显著性检验,这一结果表明高收入国家提升对外开放程度对国内人均二氧化碳的排放起到了抑制作用。这一结果背后可能的经济原因在于,当前国际经贸体系由高收入发达国家所主导,发达国家借助其所主导的国家分工和国际贸易体系,一方面向中低收入国家出口技术含量高的上游产品,另一方面从中低收入国家进口由它们加工组装的最终产品,从而促进其国内人均二氧化碳

排放量的下降。周亚敏的研究也表明，在全球价值链分工体系中，北方生产"清洁品"、南方生产"污染品"的环境不平等问题凸显，并呈现出新的趋势。① ③就产业结构对人均二氧化碳排放量的影响而言，高收入国家样本的回归系数为正且通过显著性检验，中等收入国家样本的回归系数为负也通过了显著性检验，这与经济发展过程中产业高级化以及发达经济体与发展中经济体在产业国际分工中的地位不平衡有关。产业结构高级化是经济发展的一般规律，一般而言，一个国家或地区工业化进程进入后期阶段后，工业所占比重开始下降，服务业所占比重则保持较长期的持续上升，高收入国家的工业化进程早已进入后工业化时期，中等收入国家的工业化进程也普遍进入工业化的后期阶段，这意味着工业占GDP比重有下降态势。从回归结果看，伴随着产业结构高级化（工业占比的下降），高收入国家人均二氧化碳排放量得到抑制，中等收入国家人均二氧化碳排放量反而增加，这背后可能的原因在于，在国际产业转移浪潮下高收入国家将高消耗、高排放的产业转移到中等收入国家，产业转移的同时实现了能源消耗和碳排放的转移，从而使得高收入国家工业占比下降的同时人均二氧化碳排放量随之下降，而中等收入经济体作为产业转移的承接者，也是能源消耗和碳排放转移的承接者，不得不在较长的时间内面临人均二氧化碳排放量上升的问题。

考虑到表3－5中中等收入国家对外开放度对人均二氧化碳排放量的影响不显著，同时也考虑到模型的稳健性问题，进一步将表示对外开放度指标的进出口总额还原为进口额和出口额，分别用进口额和出口额替代进出口总额，其余指标仍保持不变，再利用上述模型进行回归，回归结果分别见表3－6和表3－7。表3－7结果与表3－5结果基本一致，表3－6结果中人均国民收入对人均二氧化碳排放量的影响以及产业结构对人均二氧化碳排放量的影响也与表3－5中的结果基本一致，不再具体展开分析。

---

① 周亚敏：《全球价值链中的绿色治理——南北国家的地位调整与关系重塑》，《外交评论》（外交学院学报）2019年第1期。

表 3 - 6　人均二氧化碳排放量影响因素估计（进口）

解释变量	全样本（N = 68）		高收入国家（N = 35）		中等收入国家（N = 33）	
	FE	RE	FE	RE	FE	RE
Lny	7. 278 ***	7. 034 ***	17. 409 ***	23. 29 ***	16. 395 ***	16. 525 ***
	（0. 000）	（0. 000）	（0. 000）	（0. 000）	（0. 000）	（0. 000）
$(Lny)^2$	- 0. 608 ***	- 0. 582 ***	- 1. 655 ***	- 2. 237 ***	- 1. 689 ***	- 1. 705 ***
	（0. 000）	（0. 000）	（0. 000）	（0. 000）	（0. 000）	（0. 000）
$(Lny)^3$	0. 016 ***	0. 015 ***	0. 052 ***	0. 071 ***	0. 059 ***	0. 059 ***
	（0. 000）	（0. 000）	（0. 000）	（0. 000）	（0. 000）	（0. 000）
$Import$	- 0. 076	- 0. 048	- 0. 201 ***	- 0. 167 ***	0. 161 ***	0. 167 ***
	（0. 101）	（0. 307）	（0. 000）	（0. 000）	（0. 024）	（0. 019）
$Industry$	0. 0017	0. 0016	0. 012 ***	0. 012 ***	- 0. 003	- 0. 003 **
	（0. 112）	（0. 136）	（0. 000）	（0. 000）	（0. 026）	（0. 044）
常数项 c	- 400. 12 ***	- 39. 41 ***	- 72. 36 ***	- 92. 27 ***	- 66. 09 ***	- 66. 46 ***
	（0. 000）	（0. 000）	（0. 000）	（0. 000）	（0. 000）	（0. 000）
样本量	1609	1609	831	831	778	778
R^2	0. 357	0. 356	0. 238	0. 235	0. 481	0. 481
Hausman	0. 000		0. 000		0. 1165	
曲线形状	N	N	N	N	N	N

表 3 - 7　人均二氧化碳排放量影响因素估计（出口）

解释变量	全样本（N = 68）		高收入国家（N = 35）		中等收入国家（N = 33）	
	FE	RE	FE	RE	FE	RE
Lny	7. 714 ***	7. 443 ***	17. 028 ***	22. 922 ***	17. 375 ***	17. 482 ***
	（0. 000）	（0. 000）	（0. 001）	（0. 000）	（0. 000）	（0. 000）
$(Lny)^2$	- 0. 659 ***	- 0. 629 ***	- 1. 618 ***	- 2. 201 ***	- 1. 797 ***	- 1. 809 ***
	（0. 000）	（0. 000）	（0. 002）	（0. 000）	（0. 000）	（0. 000）

续表

解释变量	全样本(N=68)		高收入国家(N=35)		中等收入国家(N=33)	
	FE	RE	FE	RE	FE	RE
$(Lny)^3$	0.018***	0.017***	0.051***	0.069***	0.063***	0.063***
	(0.000)	(0.000)	(0.003)	(0.000)	(0.000)	(0.000)
Export	−0.182***	−0.146***	−0.197***	−0.162***	0.002	0.015
	(0.000)	(0.001)	(0.000)	(0.001)	(0.973)	(0.839)
Industry	0.003***	0.003***	0.013***	0.013***	−0.002	−0.002
	(0.006)	(0.016)	(0.000)	(0.000)	(00.101)	(0.133)
常数项 c	−41.38***	−40.59***	−71.14***	−91.06***	−69.03***	−69.33***
	(0.000)	(0.000)	(0.000)	(0.000)	(0.000)	(0.000)
样本量	1609	1609	831	831	778	778
R^2	0.364	0.363	0.242	0.239	0.476	0.476
Hausman	0.000		0.000		0.045	
曲线形状	N	N	N	N	N	N

值得进一步关注的是,表3-6中中等收入国家进口对人均二氧化碳排放量的影响为正且通过了显著性检验,这是与表3-5和表3-7中结果对照的最大不同之处。为什么中等收入国家进口规模增加会增加其人均二氧化碳排放量?这可能跟高收入国家将能源消耗和碳排放高的产业或工序转移到中等收入国家有关,这些产业和工序往往是高收入国家留在国内产业的中下游环节,在产业链的上游对高收入国家有较大的依赖性,需要从高收入国家进口相当部分的位于上游环节的关键原材料和零组件产品。中等收入国家进口规模越大意味着其中下游产业的需求越大,这又意味着中下游的生产制造能力强,而中下游制造环节恰恰是承接的高收入经济体转移出的高能耗、高排放部分,正是这种产业链的内在联结和高收入国家与中等收入国家在产业链中的地位不同,导致了中等收入国家进口规模增加带来人均二氧化碳排放量的增加。

第四节 结论与政策含义

本章通过对碳排放情况进行综合比较,并对 1996—2019 年 68 个样本按照高收入国家和中等收入国家分别进行回归分析,得出以下结论:①全球经济发展及碳排放都不均衡,欧美主要发达国家已经实现排放总量达峰,但人均碳排放量高;主要发展中经济体碳排放总量及人均碳排放量仍处于上升态势,但人均碳排放绝对量较低,而且中国近年来碳排放总量及人均碳排放量的增速都明显放缓。②人均国民收入与人均二氧化碳排放量均呈 N 型关系,表明单靠收入增长并不能自然而然地产生减排效应,也就是说,收入减排效应是不确定的。③对外开放程度及产业结构对人均二氧化碳排放量的影响因收入水平不同具有明显差异,高收入国家提升对外开放程度和产业结构高级化,对国内人均二氧化碳的排放均起到抑制作用,中等收入国家市场开放的减排效应和产业结构高级化的减排效应都尚未显现。

为了积极应对全球气候变化、加快推进全球碳减排,也为了切实维护和保障中等收入发展中国家的基本发展利益,本章提出以下政策建议:

第一,国际社会必须继续坚持"共同但有区别的责任"原则,积极寻求共同应对气候变化的最大公约数。发达国家经济发展水平高、人均碳排放量高以及发展中国家经济发展水平相对低、人均碳排放量相对低的客观现实,决定了未来国际社会还必须继续坚持"共同但有区别的责任"原则,在充分考虑全人类共同利益和长远目标的同时,兼顾各个国家的特定国情和现实情况,鼓励各个国家根据自身能力积极发挥作用,务实推动全球气候治理工作。

第二,高收入发达经济体应主动帮助中低收入国家加快发展低碳经济。高收入发达经济体因其先发优势,再借助由其主导的产业国际分工体系和国际贸易体系,成功实现了碳达峰;中等收入发展中经济体在产业国际分工体系和国际贸易体系中处于中低端和相对被动地位,在目前所处的发展阶段推动碳达峰面临增长与减排很难兼顾的现实困境。高收入发达经济体在享受结构减排和开放减排所带来的红利时,应该积极承担责任,利用手头的资金和技术,主动帮助中低收入国家加快发展低碳经济,共同更加有效地推动全球减排工作。

第三,以中国为代表的发展中经济体应统筹推进经济发展和碳排放控制工作,加快探索深度减碳脱碳的有效路径。中国已经明确"双碳"目标,下一步关键是探索解除对化石能源高度依赖的内在惯性,也即解除"碳锁定"的有效路径。解除"碳锁定"的技术路径应主要着眼于能源供应、消费、排放系统的脱碳革命,重点围绕能源、工业、建筑、交通等关键部门,加快优化能源结构和产业结构,促进结构减排效应的有效发挥;同时,加快建设高水平开放型经济新体制,降低初级产品、低技术产品的出口比例,提升产业国际分工地位,为开放减排效应的发挥创造条件。通过解除"碳锁定"推动"双碳"目标的成功实现,为推进全球碳减排进程贡献中国智慧和中国力量。

第四章　环渤海地区工业增长与环境污染脱钩关系分析

20 世纪 80 年代以来,可持续发展理念逐渐成为全球共识,环境保护以及环境保护与经济发展的关系日趋受到重视,成为理论界持续关注的一个焦点问题。从 1991 年美国经济学家格鲁斯曼(Grossman)和克鲁格(Krueger)提出环境库兹涅茨理论(Environmental Kuznets Theory,EKT)开始,许多学者对污染物排放与经济增长之间的关系进行了诸多有益的探索。世界主要工业化国家和大多数发展中国家在发展过程中都遇到了环境污染制约经济增长的问题。随着 1992 年在里约热内卢举行的地球高峰会议(又称"联合国环境与发展会议")和 1997 年召开的京都气候峰会,人们开始高度重视环境影响。[1] 经济增长与环境污染脱钩已成为实现国家和联合国可持续发展目标中的中心目标。

改革开放以来,中国一方面经历了持续快速的经济增长,国内生产总值从 1978 年的 3678.7 亿元到 2022 年的 121.02 万亿元,创造了举世瞩目的经济奇迹;另一方面,中国所面临的环境污染问题也日趋突出。经济和环境同时发生显著的变化,为我们观察经济增长与环境污染之间的关系提供了一个真实而富有

---

[1]　Marques A C, Fuinhas J A, Leal P A. (2018) "The Impact of Economic Growth on CO_2 Emissions in Australia: The Environmental Kuznets Curve and the Decoupling Index", *Environmental Science and Pollution Research*, 25: 27283 – 27296.

意义的样本。工业部门是中国国民经济的重要支柱，也是能源消耗和污染物排放的主体，加快推动工业绿色转型是推动经济社会全面绿色转型的内在要求和重要内容。根据《中国统计年鉴2021》公布数据，2019年我国能源消费总量为487488万吨标准煤，其中工业领域消费量为322503万吨，占66.16%。目前，我国还处于工业化的后期阶段，在保持工业持续增长的前提下，减少工业发展对自然环境的负外部性仍然是一个重要的理论和实践问题。此外，区域发展不平衡仍然是中国经济的一个显著特征，不同地区处于不同的经济发展阶段，因此环境保护与经济发展的关系在不同地区有很大的差异，从区域角度进行研究可以提供更有针对性的结论。环渤海地区是我国工业雄厚的区域之一，也是生态环境问题比较突出的区域之一。本章以环渤海地区37个城市为研究对象，利用面板数据和脱钩分析方法定量分析该区域工业增长与环境污染的脱钩状况，并根据研究结论围绕促进工业绿色转型有针对性地提出政策建议。

第一节　研究范围界定与脱钩理论文献综述

一、研究范围界定

环渤海地区是指环绕着渤海全部及黄海的部分沿岸地区所组成的广大经济区域，又称"环渤海经济区"，是我国重要的经济区之一。该区域是中国北部沿海的黄金海岸，区位条件优越、产业基础雄厚，其中钢铁、石化、船舶等传统产业在全国保持优势地位，电子信息、金融服务、文化产业、现代旅游等新兴产业发展迅猛，无论是京津冀协同发展战略的深入推进，还是雄安新区的设立，都为环渤海地区的发展提供了难得的机遇。另一方面，该区域内城市发展存在明显差异，能源消耗和环境污染问题都比较突出，资源约束日益显现，环境承载能力接近上限，水资源严重短缺，空气质量亟待改善，产业结构调整和经济转型升级压力较大。《中国能源统计年鉴 2019》数据显示,2018 年北京、天津、河北、山东、辽宁环渤海五省能源消费量分别为 7270 万吨标准煤、7973 万吨标准煤、32185 万吨标准煤、40581 万吨标准煤和 22321 万吨标准煤,合计 110330 万吨标准煤,占 31 个省区市能源消费总量的 23.38%。可以说,环渤海地区是中国发展的一个缩影。考虑到工业领域的重要性以及环渤海地区的代表性,本章以环渤海地区为研究对象,深入研究该地区工业增长与环境污染关系的动态演变,以期为推动工业绿色发展和城市转型发展提供理论支撑和决策参考。

对于环渤海地区具体范围的界定主要存在两种观点:①"5 + 2"模式,包括北京、天津及河北、辽宁、山东、山西、内蒙古五省(自治区)两市;②"3 + 2"模式,认为环渤海地区是以京津冀为核心,以辽东半岛和山东半岛为两翼的经济区域,包括北京、天津、河北、辽宁、山东三省两市。基于研究需要,本章采用"3 + 2"模式,根据数据可得性选择 37 个城市为研究对象,并将 37 个城市归入京津冀城市群、辽宁中南部城市群和山东半岛城市群三个次区域。其中,京津冀城市群包括北京、天津、石家庄、唐山、秦皇岛、邯郸、邢台、保定、张家口、承德、沧州、廊坊、衡水共 13 个城市。山东半岛城市群由济南、青岛、淄博、枣庄、烟台、潍坊、济宁、威海、日照、莱芜、临沂和菏泽 12 个城市组成。辽宁中南部城市群包括沈阳、大连、鞍山、抚顺、本溪、丹东、锦州、营口、阜新、辽阳、铁岭和朝阳 12 个城市。

二、脱钩理论相关文献综述

(一)脱钩理论的提出与发展

与经济增长和环境污染关系密切相关的问题是,对于一个特定的国家或地区而言,经济增长和环境污染是否同步变化? 脱钩理论的创立正是为了衡量和分析这个问题。脱钩概念最初用于物理学,卡特首先引入这个概念来描述经济增长和能源消耗之间的关系[①]。20 世纪 90 年代,学者们试图在农业发展政策分析中引入脱钩的概念,卡希尔(Cahill)提出了"完全脱钩"和"有效完全脱钩"的

---

① Carter, Anne P. (1966) "The Economics of Technological Change". *Scientific American*, 214(4):25 – 31.

概念①。进入 21 世纪后，经济合作与发展组织（Organization for Economic Co - operation and Development，OECD）将脱钩的概念引入环境领域。2002 年，OECD 将经济增长与工业污染排放之间的关系描述为脱钩，并将环境压力指标与期末 GDP 之比除以基期污染排放与 GDP 之比界定为脱钩指数。② 此后，实现经济增长与其对环境负面影响的脱钩日益受到重视，并被作为实现环境可持续的一项关键战略。

除了 OECD 的脱钩指数方法外，还有诸多其他方法或分析技术也被用于研究资源利用或污染物排放与经济增长之间的脱钩关系。主要包括：①塔皮奥（Tapio）基于弹性定义了 Tapio 脱钩指数，并定义了 8 种脱钩状态。③ ②指数分解分析（Index decomposition analysis，IDA），包括两种具体的方法，即算术平均迪氏指数法（Arithmetic Mean Divisia Index，AMDI）和对数均值迪氏分解法（Logarithmic Mean Divisia Index，LMDI）。③周鹏和洪明华（Zhou & Ang）提出了一种全要素分解框架的分析工具，即生产理论分解分析（Production - theoretical Decomposition Analysis，PDA）④，王辉和周鹏（Wang & Zhou）进一步提出了空间 PDA⑤。

（二）相关定量和实证研究文献

随着脱钩理论的发展，许多研究者开始运用脱钩理论进行定量分析或实证研究。有学者利用分解模型和脱钩指数（DI）相结合的方法，研究了欧盟制造业排放与经济增长之间是否存在脱钩关系⑥。此后，将脱钩指数与 CO_2 变化影响

① Cahill SA. (1997)"Calculating the Rate of Decoupling for Crops Under CAP/oilseeds Reform". *J Agric Econ*, 48(3):349 - 378.

② OECD. Indicators to Measure Decoupling of Environmental Pressure From Economic Growth. Paris: OECD, 2002.

③ Tapio P. (2005)"Towards a Theory of Decoupling: Degrees of Decoupling in the EU and the Case of Road Traffic in Finland Between 1970 and 2001". *Transport policy*, 12:137 - 151.

④ Zhou P, Ang BW. (2008)"Decomposition of Aggregate CO_2 Emissions: A Production - Theoretical Approach". *Energ Economics*, 30:1054 - 1067.

⑤ Wang H, Zhou P. (2018)"Multi - Country Comparisons of CO_2 Emission Intensity: The Production - Theoretical Decomposition Analysis Approach?" *Energy Economics*, 74:310 - 320.

⑥ Diakoulaki D, Mandaraka M. (2007)"Decomposition Analysis for Assessing the Progress in Decoupling Industrial Growth from CO_2 Emissions in the EU Manufacturing Sector". *Energ Economics*, 29:636 - 664.

因素相结合的方法得到了广泛应用。

　　考虑到中国目前经济发展模式所处的阶段，环境污染与经济增长之间的矛盾仍然十分突出。近年来，对中国的相关研究也一直是热点之一，总的来看，相关文献可分为三类：一是从全球层面开展研究，样本涵盖了发达国家和发展中国家①，比如 133 个国家②以及中国和美国③。二是更多研究集中在国家层面，通常使用省际面板数据，如赵璟等④、齐亚伟⑤、纪玉俊等⑥，也有关于化石能源消费与工业生产脱钩关系、能源结构与经济增长脱钩关系的研究⑦；也有一些研究集中于整体城市层面，如张晋玮、孙攀、高纹、詹新宇等人；部分研究对象集中在特定行业，如农业⑧、物流业⑨和运输业⑩。三是省份或区域层面的研究。近年来，对

　　① 杜雯翠、张平淡：《新常态下经济增长与环境污染的作用机理研究》，《软科学》2017 年第 4 期。

　　② Shuai CY, Chen X, Wu Y, Zhang Y, Tan YT. (2019) "A Three – Step Strategy for Decoupling Economic Growth from Carbon Emission: Empirical Evidences from 133 Countries". *Science of the Total Environment*, 646:524 – 543

　　③ Wang Q, Zhao M, Li R, Su M. (2018a) "Decomposition and Decoupling Analysis of Carbon Emissions from Economic Growth: A Comparative Study of China and the United States". *Journal of Cleaner Produetion*, 197:178 – 184

　　④ 赵璟、李颖等：《中国经济增长对环境污染的影响——基于三类污染物的省域数据空间面板分析》，《城市问题》2019 年第 8 期。

　　⑤ 齐亚伟：《中国区域经济增长、碳排放的脱钩效应与重心转移轨迹分析》，《现代财经》（天津财经大学学报）2018 年第 5 期。

　　⑥ 纪玉俊、刘金梦：《产业集聚的增长与环境双重效应：分离和混合下的测度》，《人文杂志》2018 年第 4 期。

　　⑦ Meng M, Fu YN, Wang XF. (2018) "Decoupling, Decomposition and Forecasting Znalysis of China's Fossil Energy Consumption from Industrial Output". *Journal of Cleaner Production*, 177:752 – 759.

　　⑧ Han HB, Zhong ZQ, Guo Y, Xi F, Liu S. (2018) "Coupling and Decoupling Effects of Agricultural Carbon Emissions in China and Their Driving Factors". *Environmental Science and Pollution Research*, 25:25280 – 25293;涂爽、徐芳：《农业经济增长与农业环境污染——基于空间效应的分析》，《农村经济》2020 年第 8 期。

　　⑨ Zhang SQ, Wang JW, Zheng WL. (2018) Decomposition Analysis of Energy – related CO_2 Emissions and Decoupling Status in China's Logistics Industry. *Sustainability*, 10:1 – 21.

　　⑩ Li W, Li H et al. (2016) "The Analysis of CO_2 Emissions and Reduction Potential in China's Transport Sector". *Mathmatical Problems in Engineering*, 1:1 – 12; Wen L, Zhang ZQ. (2019) "Probing the Affecting Factors and Decoupling Analysis of Energy Industrial Carbon Emissions in Liaoning, China". *Environmental Science and Pollution Research*, 26(14):14616 – 14626.

个别省份的研究得到了部分学者的青睐，如京津冀[①]、长三角[②]以及长江经济带[③]等区域层面的研究日渐受到关注。在选择污染物排放指标时，多数研究选择了二氧化碳排放量和空气质量数据，部分研究则侧重于二氧化硫和烟尘排放[④]，也有研究选择废水和废气[⑤]以及生活污染排放[⑥]。在研究方法和模型的选择上，主要有 Tapio[⑦]、LMDI[⑧]、VAR 模型[⑨]、半参数空间模型[⑩]、门槛面板模型[⑪]、面板平滑

———————

① Zhu XP, Li RR. (2017) "An Analysis of Decoupling and Influencing Factors of Carbon Emissions from the Transportation Sector in the Beijing – Tianjin – Hebei Area, China". *Sustainability*, 9:722；冯斐、冯学钢：《经济增长、区域环境污染与环境规制的有效性——基于京津冀地区的实证分析》，《资源科学》2020 年第 12 期。

② 胡美娟等：《长三角城市经济增长与资源环境压力的脱钩效应》，《世界地理研究》2022 年第 3 期。

③ 谢谋盛、刘伟明等：《长江中游城市群环境污染与经济增长关系的实证分析》，《江西社会科学》2019 年第 1 期；周正柱、刘庆波等：《经济增长与工业环境污染关系的环境库兹涅茨曲线检验——基于长江经济带省域的面板计量模型》，《南京工业大学学报（社会科学版）》2019 年第 2 期。

④ 宋锋华：《经济增长、大气污染与环境库兹涅茨曲线》，《宏观经济研究》2017 年第 2 期。

⑤ 徐辉、韦斌杰等：《经济增长、环境污染与环保投资的内生性研究》，《经济问题探索》2018 年第 10 期。

⑥ 周茜：《中国经济增长对环境质量的互动效应研究》，《统计与决策》2019 年第 1 期。

⑦ 夏勇、胡雅蓓：《经济增长与环境污染脱钩的因果链分解及内外部成因研究——来自中国 3 个省份的工业 SO_2 排放数据》，《产业经济研究》2017 年第 5 期；夏会会、丁镭等：《1996—2013 年长江经济带工业发展过程中的大气环境污染效应》，《长江流域资源与环境》2017 年第 7 期。

⑧ 王凤婷、方恺等：《京津冀产业能源碳排放与经济增长脱钩弹性及驱动因素——基于 Tapio 脱钩和 LMDI 模型的实证》，《工业技术经济》2019 年第 8 期。

⑨ 贾丽丽、王佳等：《基于 VAR 模型的工业经济发展与环境污染关系研究》，《工业技术经济》2017 年第 2 期；张英奎、王菲菲等：《江苏省经济增长与工业环境污染的关系研究》，《环境保护》2017 年第 18 期。

⑩ 吴雪萍、高明等：《基于半参数空间模型的空气污染与经济增长关系再检验》，《统计研究》2018 年第 8 期。

⑪ 胡冰、王晓芳：《我国环境投入、经济增长与碳排放的关系探究——基于省际门槛面板模型》，《财经论丛》2018 年第 5 期，任雪：《长江经济带经济增长对雾霾污染的门槛效应分析》，《统计与决策》2018 年第 20 期。

迁移回归模型(PSTR)①、联立方程②、空间计量③等。

（三）综合性评价

总的来说,上述研究无疑是丰富而有价值的,但在以下三个方面还存在一些不足。其一,从经济发展指标的角度看,现有研究多采用GDP,GDP能够充分反映一个国家和地区的整体经济活动。然而,用GDP这样一个综合指标不易突出环境污染的主要来源。毕竟,对于大多数发展中国家和地区来说,工业部门仍然是主要的污染源。因此,研究工业生产增长与环境污染的脱钩关系具有重要的理论和现实意义。其二,从污染物排放的衡量指标来看,目前的研究基本集中在CO_2排放上,但实际上,环境污染不仅包括碳排放,还包括废水排放和废气排放,后者对环境也有非常重要的影响。然而,很少有研究从大气污染物排放和废水排放的角度探讨污染物排放与经济增长之间的脱钩关系。其三,从研究样本所涵盖的空间范围来看,相关研究大多选择国家或省级的数据样本,而鲜有研究从区域层面,特别是利用区域性城市群的面板数据进行检验。为在一定程度上弥补这些不足,本研究选取中国环渤海地区城市群作为研究样本,以工业生产与工业污染物排放的关系为具体研究对象,在工业污染物衡量方面同时将废气和废水纳入进来,使研究更具有针对性。

---

① 金春雨、吴安兵:《工业经济结构、经济增长对环境污染的非线性影响》,《中国人口·资源与环境》2017年第10期;赫永达、刘智超等:《能源强度视角下中国"环境库兹涅茨曲线"的一个新解释》,《河北经贸大学学报》2017年第3期。

② 谢波、项成:《财政分权、环境污染与地区经济增长——基于112个地级市面板数据的实证计量》,《软科学》2016年第11期;何春、苏兆荣:《技术进步、经济增长与环境治理的系统关联与协同优化——基于辽宁省联立方程的实证分析》,《管理现代化》2016年第6期。

③ 李凯风、王婕:《金融集聚、产业结构与环境污染——基于中国省域空间计量分析》,《工业技术经济》2017年第3期;艾小青、陈连磊等:《空气污染排放与经济增长的关系研究——基于中国省际面板数据的空间计量模型》,《华东经济管理》2017年第3期。

第二节 研究方法和数据介绍

一、Tapio 指数方法

Tapio 指数被普遍认为是脱钩理论的进一步发展和完善。Tapio 指数不需要基准年，因此克服了 OECD 脱钩指数对基准时间段的选择过于敏感的缺点。此外，Tapio 指数可以提供具体的脱钩状态分析，包括环境污染变量和经济变量的八种可能组合。[1] Tapio 弹性分析利用压力变量和经济因素的弹性值计算脱钩程度，可以使脱钩指数随着时间的推移更加灵活，并使最终的结果分析更加全面。[2] 由于 Tapio 指数方法具有计算过程简单、判断标准明确等优点，自首次提出以来，它已成为常用的脱钩分析方法之一。因此，本文利用 Tapio 指数来研究中国环渤海地区工业增长与工业污染物排放的脱钩关系，具体公式如下：

$$e = \frac{\Delta E/E}{\Delta Y/Y} = \frac{(E_t - E_{t-1})/E_{t-1}}{(Y_t - Y_{t-1})/Y_{t-1}} \tag{4.1}$$

式中，e 为解脱钩指数，代表污染与工业增长的脱钩指数，E 为当年的污染排放量，Y 表示当年的工业总产值；$\Delta E = E_{t+1} - E_t$ 和 $\Delta Y = Y_{t+1} - Y_t$ 分别表示污染物排放量和工业总产值的变化。根据脱钩定义，当工业污染物排放变化速率慢于工业增长速度时，二者之间呈脱钩状态；当工业污染物排放变化速度快于工业增长速率时，二者之间为负脱钩状况。脱钩状态又可以进一步分为绝对脱钩、相对脱钩、衰退性脱钩三种类型，负脱钩也可以分为扩张性负脱钩、强负脱钩、扩张性

① Shuai CY, Chen X, Wu Y, Zhang Y, Tan Y T. (2019) "A Three – step Strategy for Decoupling Economic Growth from Carbon Emission: Empirical Evidences from 133 Countries". *Science of the Total Environment*, 646:524 – 543.

② Li J, Chen Y, Li Z, et al. (2019) "Low – carbon Economic Development in Central Asia Based on LMDI Decomposition and Comparative Decoupling Analyses". *Journal of Arid Land*, 11: 513 – 524.

负脱钩三种类型。其中,绝对脱钩为工业发展最理想的状态,即工业增长并不会导致大气污染物排放的增加,该地区工业具有极强的可持续发展能力;相对脱钩指地区工业增长虽然导致大气污染物排放的增加,但工业增速明显高于大气污染物的排放增速。在基础状态下,Tapio 又以 0、0.8、1.2 为临界值继续细分,最终得到八种具体脱钩状态,见表 4 - 1 和图 4 - 1。

表 4 - 1　资源经济关系的脱钩指标弹性表

脱钩程度	状态	划分标准			是否理想
		ΔE	ΔY	e	
强脱钩	I	<0	>0	$e<0$	理想
弱脱钩	II	>0	>0	$0<e<0.8$	理想
扩张连接	III	>0	>0	$0.8<e<1.2$	不理想
扩张性负脱钩	IV	>0	>0	$e>1.2$	不理想
强负脱钩	V	>0	<0	$e<0$	不理想
弱负脱钩	VI	<0	<0	$0<e<0.8$	不理想
衰退连接	VII	<0	<0	$0.8<e<1.2$	不理想
衰退脱钩	VIII	<0	<0	$e>1.2$	理想

资料来源:Tapio P. (2005) "Towards a Theory of Decoupling: Degrees of Decoupling in the EU and the Case of Road Traffic in Finland Between 1970 and 2001". *Transport Policy*, 12: 137 - 151;Wu Y, Zhu QW, Zhu BZ. (2018) "Decoupling Analysis of World Economic Growth and CO_2 Emissions: A Study Comparing Developed and Developing Countries." *Journal of Cleaner Production*, 190:94 - 103;Shuai CY, Chen X, Wu Y, Zhang Y, Tan YT. (2019) "A Three - step Strategy for Decoupling Economic Growth From Carbon Emission: Empirical Evidences from 133 Countries". *Science of the Total Environment*, 646:524 - 543.

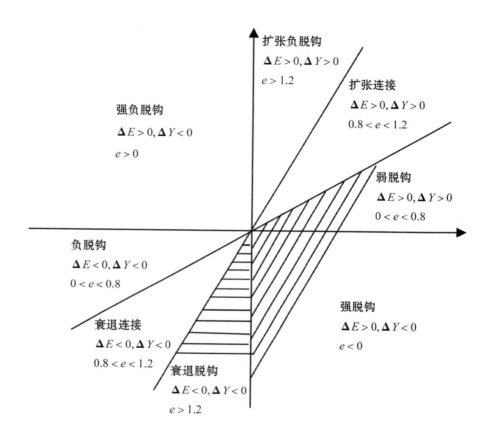

图4-1 资源经济关系的脱钩情况划分

注:阴影部分表示理想状态。

资料来源:Tapio P. (2005) "Towards a Theory of Decoupling: Degrees of Decoupling in the EU and the Case of Road Traffic in Finland Between 1970 and 2001." *Transport Policy*, 12: 137 - 151.

上述脱钩状态中,强脱钩是最理想的产业发展状态。也就是说,强脱钩状态下,工业增长不会导致污染物排放的增加,本地区的工业具有很大的可持续发展能力。

二、数据说明及描述性分析

本章的研究时间段为 2003—2016 年,选取工业总产值(IOV)来代表工业增长水平,各城市的工业总产值数据来自 2004—2017 年出版的《中国城市统计年鉴》。为消除价格变动的影响,采用生产者价格指数(上年 = 100)将 IOV 换算为 2003 年的可比价格。工业生产过程中会产生多种空气污染物,常见的大气污染物有二氧化硫、烟尘、氮氧化物、碳氧化物等。考虑到数据的连续性和可用性,选择工业二氧化硫排放量来表征废气排放量,废水污染用工业废水排放量表示。污染数据主要来源于历年的《中国能源统计年鉴》和《中国环境统计年鉴》,部分缺失或不正确的数据均根据各城市的统计年鉴给予补充。

从三个次区域工业发展情况看(见图 4 - 2),呈现出较明显的差异性。2003—2010 年,京津冀城市群和山东半岛城市群的工业产值基本相同,2010 年以后京津冀城市群的工业产值略高于山东半岛城市群的工业产值,两者在考察期内都保持了增长态势;辽宁中南部城市群的工业产值则远低于其他两个城市群,2013 年以后,其工业产值呈现大幅下降的趋势。

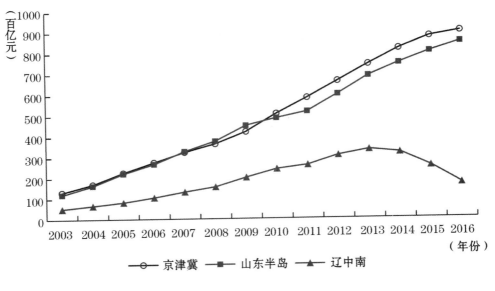

图 4 - 2　三大城市群工业增长情况

　　从废水排放情况来看(见图4-3),2010年之前,京津冀城市群和辽中南城市群的废水排放情况呈下降趋势,2010—2012年有所上升,之后又呈下降趋势;山东半岛城市群在2010年之前呈上升趋势,2010年之后则波动下降。

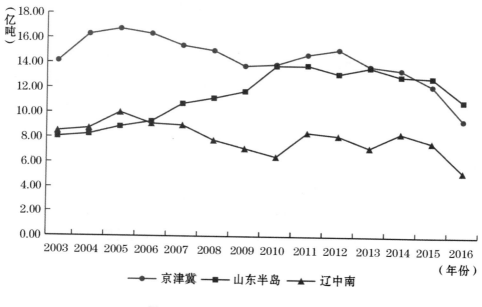

图4-3　三大城市群废水排放情况

　　从废气排放情况来看(见图4-4),三个城市群的变动趋势较为一致,均呈"M"型,即2006年之前为上升,2006—2010年下降,2010—2010年上升,2012年之后出现下降。

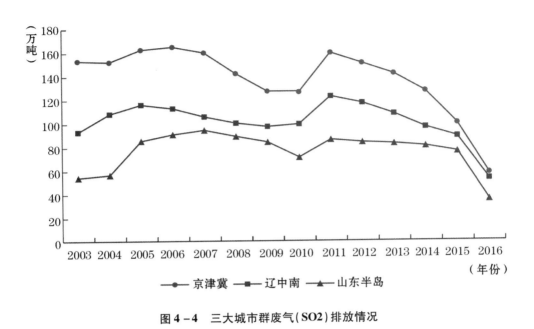

图4-4 三大城市群废气(SO2)排放情况

第三节 环渤海地区工业增长与环境污染
脱钩特征分析

利用 Tapio 脱钩理论,对环渤海地区 37 个城市 2003—2016 年的脱钩指数进行测算,并分区域讨论环境污染与工业增长之间的脱钩关系,其中 T1 表示 2003—2004 年,T2 表示 2004—2005 年,以此类推。对于表 4-1(见第二节)中的八种脱钩状态,接下来用四种颜色来区分。由于扩张性负脱钩、强负脱钩和弱负脱钩是最不理想的状态,为了便于研究,我们使用相同的颜色来表示这些状态。

一、环渤海地区总体情况

由图 4-5 可知,2003—2016 年,环渤海地区工业废水排放与工业增长实现了脱钩,工业模式向资源节约型方向发展,各地区优化产业结构,提高科技水平,促进了工业由大向强的转变。京津冀在2005—2009年表现为强脱钩,此后转为弱脱钩,山东半岛在2013年之前主要表现为弱脱钩,此后转为强脱钩。辽东半岛2013年之前以强脱钩为主,2013年之后则出现倒退,出现了负脱钩和强负脱钩的现象,直到2016年才有所回转至衰退连接,但也没有进入理想的区域。由计算数据可知,辽中南地区的工业总产值在2013年为最高点,然后出现大幅度下降,其废水排放量虽然也出现下降,但幅度较小,环境污染与工业增长没有协调发展。

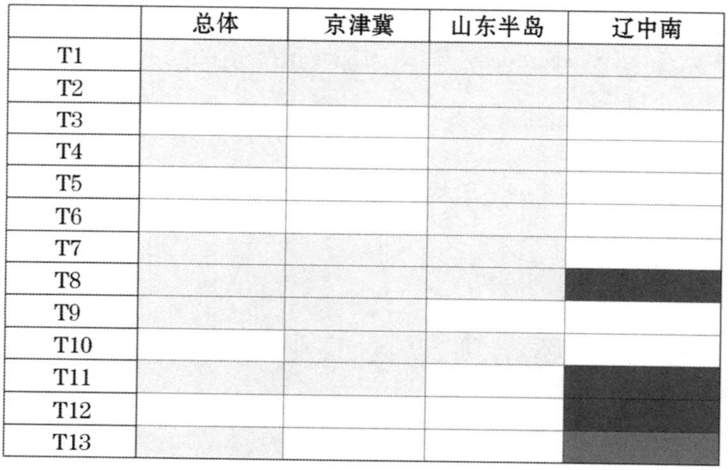

	总体	京津冀	山东半岛	辽中南
T1				
T2				
T3				
T4				
T5				
T6				
T7				
T8				
T9				
T10				
T11				
T12				
T13				

图4-5 2003—2016年环渤海地区工业增长与废水脱钩情况

注:图中白色表示强脱钩,▒表示弱脱钩,■表示扩张连接和衰退连接,■表示负脱钩、强负脱钩和扩张负脱钩,以下各图同此。

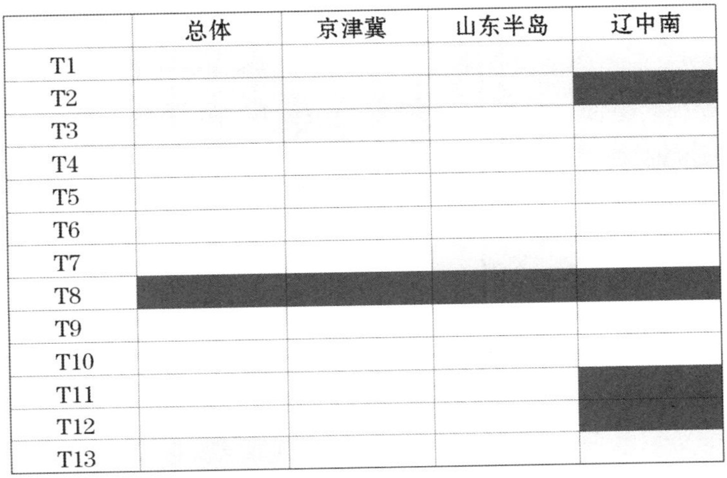

	总体	京津冀	山东半岛	辽中南
T1				
T2				▓▓▓
T3				
T4				
T5				
T6				
T7				
T8	▓▓▓	▓▓▓	▓▓▓	▓▓▓
T9				
T10				
T11				▓▓▓
T12				▓▓▓
T13				

图 4 - 6　2003—2016 年环渤海地区工业增长与废气脱钩情况

从废气排放与工业增长的脱钩状态(见图 4 - 6)来看,无论是整体还是三个城市群均在 2011 年出现了扩张负脱钩状态。从数据来看,2010—2011 年,环渤海地区二氧化硫排放量出现了大幅度上升,这期间虽然工业总产值也呈上升态势,但其上涨幅度要小于前者,从而使其呈现出扩张负脱钩状态。2011 年之后,环境污染尤其是大气污染问题受到了广泛重视,各地区相继出台政策与措施来加以控制,尤其是"大气十条"①政策颁布实施之后,二氧化硫排放量出现大幅度下降,从 2011 年的 408.9 万吨降至 2016 年的 183.5 万吨,下降了 55.12%,与此同时,这一时期的工业总产值呈上升趋势,因此工业增长同废水又开始呈脱钩状态。但值得注意的是,辽中南地区在经历了两年的强脱钩状态后又开始呈现负脱钩状态,工业增长与废气脱钩现象不理想,直至 2016 年才有所缓和。

综上所述,辽中南地区工业企业面临形势较为严峻,亟须调整产业结构,规范管理模式,推行绿色生产,拉动工业企业高质量发展。下面按三个次区域进一步分别探讨不同城市群中工业增长同环境污染之间的脱钩关系。

---

① 国务院于 2013 年 9 月发布《大气污染防治行动计划》,确定是十项具体措施,简称为"大气十条"。

二、京津冀城市群环境污染与工业增长脱钩分析

根据图4-7,整体上看京津冀城市群工业增长与废水脱钩情况自2003年到2016年表现为弱脱钩和强脱钩占优势,工业增长与废水排放基本实现了脱钩。但依然存在个别城市工业增长与废水排放负脱钩和衰退(扩张)连接的现象。接下来具体从时间维度和地域维度来讨论京津冀城市群工业增长与废水排放的脱钩情况。

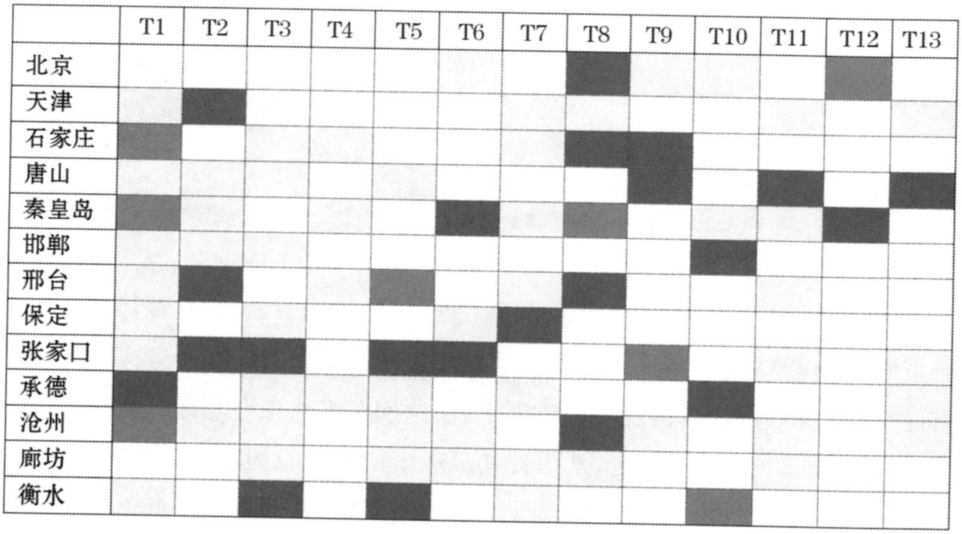

	T1	T2	T3	T4	T5	T6	T7	T8	T9	T10	T11	T12	T13
北京								■				■	
天津		■											
石家庄	■												
唐山											■		■
秦皇岛						■							■
邯郸													
邢台					■								
保定				■									
张家口		■	■		■	■			■				
承德	■									■			
沧州													
廊坊													
衡水			■					■					

图4-7 2003—2016年京津冀城市群工业增长与废水脱钩情况

从时间维度看,图4-7较为明显的一个特征是绝大部分城市2012年之前强脱钩所占比例较小,2012年之后占比大幅度提升(唐山、秦皇岛、承德和衡水除外),说明京津冀城市群在2012年之后改变了工业发展模式和产业方式,强调了科学发展与绿色循环发展,更加关注污染治理和生态文明建设。但2003—2005年、2010—2011年工业增长与废水排放负脱钩或者衰退脱钩的城市较多,其中尤以2003年、2010年为特殊,说明2012年党的十八大之前京津冀城市群中依然有部分城市工业发展模式较为落后,资源经济关系不理想。

从地域维度看,邯郸、廊坊、天津、北京、保定在2003—2016年工业增长与废

水排放上表现为脱钩状态占优势,非常理想;而石家庄、唐山、邢台、秦皇岛、张家口和衡水六个城市出现了较多的扩张性负脱钩和扩张连接现象,其中以张家口和秦皇岛尤为严重,说明这两个城市的工业发展模式较为落后,产业结构调整与升级压力较大,工业增长与环境污染之间关系较为不理想。

从图4-8可以看出,对京津冀绝大多数城市来说,2010年工业增长与废气污染排放的关系都发生了显著变化,2010—2011年,只有衡水的工业增长同废气呈强脱钩,非常理想,天津、邢台、张家口较为理想,其余城市均为不理想,2011年之后,除保定2012—2013年呈扩张负脱钩外,其余城市均呈强脱钩或弱脱钩,这说明2011年之后,京津冀城市群的工业同大气环境基本实现了协调发展。

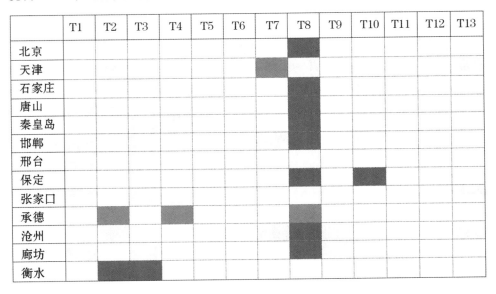

图 4 - 8　2003—2016 年京津冀城市群工业增长与废气脱钩情况

第四节　结论与政策建议

　　本文利用 Tapio 脱钩指数对 2003—2016 年中国环渤海地区的工业增长与环境污染的脱钩状态进行了空间分析,将环渤海地区分为京津冀城市群、山东半岛城市群和辽宁中南部城市群三个次区域,并对各城市的脱钩状态进行了检验。研究主要得出以下结论:

　　(1)整体上看,环渤海地区的工业增长与环境污染已经实现脱钩,但这种脱钩关系仍存在明显的内部差异和不稳定性。考察期内环渤海地区工业废水排放与工业增长实现了脱钩,工业模式向资源节约型方向发展。废气排放与工业增长在 2011 年出现了扩张负脱钩状态;2011 年以后,随着二氧化硫排放量的减少,京津冀城市群和山东半岛城市群的脱钩状况变为强脱钩,但辽宁中南部城市群出现两次负脱钩的情形,说明该地区废气排放与工业增长的脱钩并不理想,工业发展模式亟待调整。

　　(2)京津冀城市群工业增长与工业废水废气排放之间的脱钩状态相对而言更为理想。由于新的发展理念和高质量发展模式的推动,2012 年以来,除张家口和秦皇岛外,京津冀城市群工业增长与废水的脱钩情况有了很大改善。就京津冀城市群工业增长与废气排放脱钩关系而言,2011 年是转折点,2010—2011 年绝大多数城市的脱钩状态并不理想,但 2011 年之后,除保定出现过一次负扩张脱钩外,其他城市均表现理想。

　　(3)山东半岛城市群工业增长与废水、废气的脱钩状态变化呈现出两个显著特征。一是时间上有两个节点。2009 年以前,该地区工业增长速度高于环境污染速度,绝大多数城市脱钩状态理想;但在 2009—2011 年之间,扩张负脱钩比例大幅增加。二是 2003—2016 年,工业增长与废气脱钩状态好于工业增长与废水的脱钩状态。

（4）2003—2016 年,辽中南城市群的工业增长与废水、废气之间的脱钩状态并不理想。2010 年以前(2004—2005 年除外),普遍是强脱钩或弱脱钩状态;2010—2011 年,对于该区域内的大多数城市,工业增长与污染之间的关系呈现出急剧恶化态势;2013—2016 年,该区域 12 个样本城市的脱钩状态均发生了变化,同时存在负脱钩、强负脱钩、衰退连接和衰退脱钩四种脱钩状态,表明工业增长与环境污染的脱钩程度仍不理想。

脱钩状况所呈现出的空间差异和时间上的不稳定性,意味着产业发展和环境政策制定者不仅要倡导统一的原则和理念,还要重视因地制宜地制定和实施政策。要更好地协调经济增长与环境污染的矛盾,必须把坚定的理念、原则与灵活务实的政策有机地结合起来。环渤海地区工业减排的内部稳定机制尚未形成,需要进一步优化和完善环境治理政策。具体而言,京津冀城市群应加强废水处理和废气排放监测能力,建立严格的排放指标体系,以减少废水和废气排放。石家庄、唐山、邢台、秦皇岛、张家口和衡水,尤其应重点关注污水处理,提高污水处理和净化标准。在保持工业增长的同时,保定应特别注意减少废气排放,尽可能提高废气净化能力。山东半岛城市群在继续推进废气处理的基础上,需要加强废水处理,积极推进水资源集约利用,建设海洋生态文明。辽中南城市群要及时转变传统经济增长模式,摒弃粗放型发展模式,加快推动产业结构升级,加快向绿色发展和循环发展转变。同时,摒弃污染后治理的旧模式,积极探索工业增长与环境保护相协调的绿色发展新模式。

第五章　京津冀生态环境
协同治理实践及效果评价

　　应对气候变化和改善空气质量是中国生态环境问题面临的两大突出任务。应对气候变化方面,中国在多个场合和文件中均表示要力争二氧化碳(CO_2)排放量于 2030 年前达到峰值,争取 2060 年前实现碳中和。改善空气质量方面,中国城市的空气质量形势依然严峻,2020 年 337 个地级及以上城市中,有 135 个城市环境空气质量超标,占 40.1%;若不扣除沙尘影响,超标城市比例为 43.3%。[①]应对气候变化的核心是降低以二氧化碳为代表的温室气体的排放,改善空气质量的重点是降低各类大气污染物的排放,两者既有高度相关性又有差异性。从相关性看,温室气体和主要大气污染物排放呈现"同根、同源和同时"的特征;就差异而言,温室气体的环境影响是全球性的,不受区域条件的限制,但大气污染物更多受区域局部条件的影响,如气象条件、人口、产业发展等。

　　开展温室气体减排与空气质量改善存在较大的协同管理空间,温室气体和大气污染物的协同治理开始逐渐成为区域环境治理的重要任务,城市管理者也开始逐步探索应对气候变化和改善空气质量的"双赢"路径。纵观国内实践,近年来众多城市立足当前,正在将蓝天保卫战视为协同减排温室气体的重要驱动

---

① 中华人民共和国环境部:《2020 中国生态环境状况公报》,2021 年 5 月。

力量和重要依托。① 因此,在城市层面开展二氧化碳和大气污染协同治理评估,将有利于推动地方政府深入了解该地区的环境治理状况,从而采取更加有效的碳减排措施,低成本协同推动应对气候变化和改善空气质量。随着中国承诺2030 年二氧化碳排放量实现达峰目标,已有超过 80 个省市提出了二氧化碳排放达峰目标,城市碳排放达峰问题已经成为国内外研究人员和政府决策者的关注重点和热点,②而同时研究分析城市碳达峰和空气质量协同关系的研究则相对较少,②而对比分析京津冀协同控制成效和特点的研究则更少。京津冀是我国能源消耗强度大、大气污染严重的区域之一,2018 年京津冀地区的碳排放量达 10.85亿吨,约占全国碳排放总量的 1/9。③ 因此,对京津冀地区二氧化碳排放与大气污染物排放的协同治理效果进行研究,具有重要的理论价值及现实意义。本章选择北京、天津 2 个直辖市以及河北省 11 个地级城市作为研究样本,利用定量方法对二氧化碳排放与大气污染物排放的协同治理效果进行评价分析,以期为进一步探索生态环境协同治理提供参考。

第一节 京津冀环境污染及协同治理基本情况

一、京津冀二氧化碳排放量及减排情况

(一)二氧化碳排放情况

表 5-1 给出了 2014—2017 年 13 个城市的二氧化碳排放情况。静态来看,

① 冯相昭:《积极探索大气污染物与温室气体协同减排》,《中国能源报》2020 年 12 月 21 日,第 4版。

② 生态环境部环境规划院气候变化与环境政策研究中心:《中国城市二氧化碳和大气污染协同管理评估报告》,2020 年 11 月。

③ 臧宏宽等:《京津冀城市群二氧化碳排放达峰情况》,《环境工程》2020 年第 11 期。

以 2017 年度为例,天津市碳排放量在 13 个城市中最高,为 1.41 亿吨;唐山的碳排放量居第二位,为 1.02 亿吨;石家庄的碳排放量居第三位,为 0.95 亿吨;接下来依次是:保定的碳排放量为 0.86 亿吨,北京的碳排放量为 0.85 亿吨,沧州的碳排放量为 0.80 亿吨,邯郸的碳排放量为 0.77 亿吨,廊坊的碳排放量为 0.64 亿吨,邢台的碳排放量为 0.55 亿吨,其余 4 个城市碳排放量均在 0.5 亿吨以下,相对较低。

表 5 - 1   2014—2017 年二氧化碳排放量   单位:百万吨

城市	2014	2015	2016	2017
北京	92.5	95.2	89.33	84.97
天津	155.4	151.9	146.56	140.91
石家庄	99.84	94.89	95.25	94.95
唐山	105.99	102.26	104.22	102.06
秦皇岛	31.77	30.52	30.98	31.53
邯郸	82.29	77.82	77.84	77.30
邢台	54.86	51.98	53.80	54.82
保定	83.99	80.64	84.43	85.81
张家口	38.99	36.65	36.44	35.73
承德	24.80	23.49	23.26	22.69
沧州	78.01	75.68	78.47	79.75
廊坊	62.75	61.43	64.03	64.08
衡水	33.76	32.16	33.46	33.73

数据来源:自中国碳核算数据库(CEADs)查询和计算得出。

(二)二氧化碳减排量及减排率

表 5 - 2 进一步给出了各年度以及考察期内二氧化碳的减排量及减排率,从中可以看出,除保定、沧州和廊坊市之外,考察期内其余城市均实现了不同程度

的碳减排。从减排量看,天津和北京的减排量分别为1449万吨和753万吨;邯郸、石家庄、唐山和张家口的减排量在300万~500万吨之间。从减排率看,天津、承德、张家口、北京的减排率超过8%,邯郸的减排率超过了6%,石家庄和唐山的减排率在3%~5%区间。综合来看,北京、天津和张家口的减排工作取得了明显成效,石家庄、唐山和邯郸的碳减排也有较明显成效,保定、沧州和廊坊市则面临更加严峻的减排形势。

表5-2　二氧化碳减排量与减排率　　　　　　单位:百万吨,%

城市	2014—2015年		2015—2016年		2016—2017年		2014—2017年	
	减排量	减排率	减排量	减排率	减排量	减排率	减排量	减排率
北京	-2.70	-2.92	5.87	6.17	4.36	4.88	7.53	8.14
天津	3.50	2.25	5.34	3.52	5.65	3.86	14.49	9.32
石家庄	4.95	4.96	-0.36	-0.38	0.30	0.31	4.89	4.90
唐山	3.74	3.52	-1.97	-1.92	2.16	2.08	3.93	3.71
秦皇岛	1.25	3.94	-0.46	-1.52	-0.55	-1.77	0.24	0.75
邯郸	4.47	5.43	-0.02	-0.03	0.54	0.70	4.99	6.06
邢台	2.88	5.26	-1.82	-3.50	-1.03	-1.91	0.04	0.07
保定	3.35	3.99	-3.79	-4.70	-1.38	-1.64	-1.82	-2.16
张家口	2.35	6.02	0.21	0.57	0.71	1.94	3.26	8.37
承德	1.31	5.29	0.23	0.97	0.58	2.48	2.12	8.54
沧州	2.33	2.99	-2.79	-3.69	-1.29	-1.64	-1.75	-2.24
廊坊	1.33	2.12	-2.61	-4.24	-0.04	-0.07	-1.32	-2.11
衡水	1.60	4.73	-1.29	-4.02	-0.27	-0.80	0.03	0.10

数据来源:根据表5-1数据计算得出。

表 5 - 3　2017 年主要大气污染物排放量及浓度情况

城市	SO₂ （吨）	烟粉尘 （吨）	SO₂ 浓度 （μg/m³）	NO₂ 浓度 （μg/m³）	PM₂.₅浓度 （μg/m³）	PM₁₀浓度 （μg/m³）	O₃ 浓度 （μg/m³）
北京	3799	4282	7.75	46.08	57.33	84.42	98.50
天津	42323	44480	16.25	50.25	61.83	93.25	104.42
石家庄	36633	27056	33.33	54.08	84.00	150.33	103.25
唐山	119808	246436	39.75	58.75	65.67	118.08	105.50
秦皇岛	18923	23686	25.75	48.83	43.75	81.92	100.58
邯郸	58914	71523	36.67	51.33	84.92	153.08	105.17
邢台	23663	42428	38.42	56.08	78.83	146.17	109.42
保定	8413	9308	29.17	50.33	83.58	134.50	113.50
张家口	14634	28378	15.92	25.08	31.00	69.25	107.50
承德	35048	35066	17.00	34.67	34.25	81.33	96.42
沧州	12562	12161	31.25	46.83	65.25	104.67	112.67
廊坊	11311	21625	13.58	48.08	59.25	101.42	109.00
衡水	2040	4846	19.00	40.42	76.08	134.17	106.75

数据来源：《中国城市统计年鉴 2018》和空气质量在线监测分析平台（www.aqistudy.cn）。

二、主要大气污染物排放及下降情况

（一）大气污染物排放情况

从 2017 年大气污染物的排放情况看（见表 5 - 3），唐山是工业二氧化硫以及工业烟粉尘的第一大排放城市（邯郸和天津分别是这两项污染物的第二、第三大排放城市），2017 年唐山这两项污染物的排放量分别为 11.98 万吨和 24.64 万吨，明显高于京津冀区域内的其他城市；唐山也是二氧化硫浓度和二氧化氮浓度第一大城市，邢台、邯郸、石家庄和沧州的二氧化硫浓度均在 30 微克/立方米以上，分别排第二、第三、第四和第五位；邢台、石家庄、邯郸、保定和天津的二氧化氮浓度均在 50 微克/立方米以上，分别排第二、第三、第四、第五和第六位；邯郸、石家庄、保定、邢台、衡水的细颗粒物浓度均在 70 微克/立方米以上，分别排第一、第二、第三、第四和第五位；邯郸、石家庄、邢台、保定、唐山的可吸入颗粒物浓

度均在 115 微克/立方米以上,分别排第一、第二、第三、第四和第五位;臭氧浓度的前五位依次为保定、沧州、邢台、廊坊和张家口。综合来看,京津区区域内的多数城市仍面临较严峻的大气污染防治压力。

（二）大气污染物排放下降情况

下面利用工业二氧化硫、细颗粒物和二氧化氮减排或浓度下降数据,进一步分析大气污染物在考察期内的下降情况。表 5-4 给出了工业二氧化硫的减排量和减排率,从中可以看出,考察期内不论各个年度,还是各个城市,均实现了工业二氧化硫的持续稳定减排,且整个考察期内的总体减排率均在 50% 以上,北京和衡水的二氧化硫减排率达到 90% 以上,保定和张家口的二氧化硫减排率也在 80% 以上,整体上取得了明显的减排成效。

表 5-4　工业二氧化硫减排量和减排率

城市	2014—2015 年		2015—2016 年		2016—2017 年		2014—2017 年	
	减排量（吨）	减排率（%）	减排量（吨）	减排率（%）	减排量（吨）	减排率（%）	减排量（吨）	减排率（%）
天津	40790	20.88	100066	64.72	12216	22.40	153072	78.34
石家庄	42378	27.16	27837	24.49	49182	57.31	119397	76.52
唐山	36038	14.37	89291	41.58	5624	4.48	130953	52.22
秦皇岛	18823	28.73	22562	48.32	5204	21.57	46589	71.12
邯郸	35753	24.50	38708	35.13	12571	17.59	87032	59.63
邢台	14889	16.38	15038	19.78	37334	61.21	67261	73.97
保定	14826	22.92	21851	43.83	19586	69.95	56263	86.99
张家口	14036	18.49	41687	67.39	5537	27.45	61260	80.72
承德	16545	23.00	7514	13.56	12831	26.80	36890	51.28
沧州	7091	17.82	10880	33.26	9270	42.46	27241	68.44
廊坊	7930	17.12	14736	38.38	12343	52.18	35009	75.58
衡水	4717	13.62	20356	68.04	7523	78.67	32596	94.11

数据来源:自空气质量在线监测分析平台查询计算得出。

就 PM$_{2.5}$ 浓度的下降情况看（见表 5 - 5），除了 2017 年邯郸市 PM$_{2.5}$ 浓度较上一年有所增加外，邯郸市其余年份均实现 PM$_{2.5}$ 浓度的下降，其余 12 个城市所有年份均实现 PM$_{2.5}$ 浓度的持续下降。整个考察期内，13 个城市 PM$_{2.5}$ 浓度下降量最高的是邢台，下降量为 44.75 微克/立方米，对应下降率为 36.21%；下降率最高的是廊坊市，下降了 39.9%，对应下降量为 39.33 微克/立方米；下降量和下降率最低的均是廊坊市，下降量为 4.42 微克/立方米，下降率为 12.47%，这又与张家口 PM$_{2.5}$ 浓度值较低可以改善的空间相对有限有关。其他城市中，PM$_{2.5}$ 浓度下降率超过 30% 的按下降率从高到低依次是：承德（36.38%）、唐山（34.66%）、北京（32.42%）、保定（30.49%），对应的 PM$_{2.5}$ 浓度下降量分别为 19.58 微克/立方米、34.83 微克/立方米、27.50 微克/立方米和 36.67 微克/立方米。

表 5 - 5　PM$_{2.5}$ 浓度下降量和下降率

城市	2014—2015 年		2015—2016 年		2016—2017 年		2014—2017 年	
	下降量（μg/m³）	下降率（%）	下降量（μg/m³）	下降率（%）	下降量（μg/m³）	下降率（%）	下降量（μg/m³）	下降率（%）
北京	4.58	5.40	7.25	9.03	15.67	21.46	27.50	32.42
天津	17.00	19.62	1.08	1.56	6.75	9.84	24.83	28.65
石家庄	30.33	25.63	-10.33	-11.74	14.33	14.58	34.33	29.01
唐山	16.25	16.17	10.50	12.46	8.08	10.96	34.83	34.66
秦皇岛	12.33	20.73	1.00	2.12	2.42	5.23	15.75	26.47
邯郸	21.58	19.20	10.17	11.19	-4.25	-5.27	27.50	24.46
邢台	23.75	19.22	13.42	13.44	7.58	8.78	44.75	36.21
保定	14.00	11.64	14.17	13.33	8.50	9.23	36.67	30.49
张家口	2.00	5.65	1.92	5.74	0.50	1.59	4.42	12.47
承德	12.00	22.29	2.33	5.58	5.25	13.29	19.58	36.38
沧州	18.00	20.47	1.83	2.62	2.83	4.16	22.67	25.78
廊坊	13.83	14.03	19.42	22.91	6.08	9.31	39.33	39.90
衡水	7.42	7.00	11.50	11.67	11.00	12.63	29.92	28.22

数据来源：自空气质量在线监测分析平台查询计算得出。

就 NO_2 浓度的下降情况看(见表5-6),整个考察期内石家庄、邯郸和沧州3个城市未实现浓度下降,尤其是沧州2017年的 NO_2 浓度反而较2014年上升了29.49个百分点。考察期内,其余11个城市的 NO_2 浓度均有不同程度的下降,但2016年天津、秦皇岛、邢台、保定、张家口、承德、廊坊、衡水8个城市的 NO_2 浓度较2015年均有所增加,仅北京和唐山当年实现了浓度下降。2017年,天津、秦皇岛和唐山3个城市的 NO_2 浓度进一步较2016年有所增加,均连续两年浓度不降反升。

表5-6 NO_2 浓度下降量和下降率

城市	2014—2015年		2015—2016年		2016—2017年		2014—2017年	
	下降量 ($\mu g/m^3$)	下降率 (%)	下降量 ($\mu g/m^3$)	下降率 (%)	下降量 ($\mu g/m^3$)	下降率 (%)	下降量 ($\mu g/m^3$)	下降率 (%)
北京	5.92	10.79	0.83	1.70	2.00	4.16	8.75	15.96
天津	13.08	24.01	-6.67	-16.10	-2.17	-4.51	4.25	7.80
石家庄	0.92	1.82	-8.00	-16.22	3.25	5.67	-3.83	-7.63
唐山	0.50	0.82	2.08	3.46	-0.58	-1.00	2.00	3.29
秦皇岛	3.92	7.97	-2.00	-4.42	-1.58	-3.35	0.33	0.68
邯郸	3.25	6.50	-7.58	-16.22	3.00	5.52	-1.33	-2.67
邢台	1.17	1.93	-1.67	-2.81	4.92	8.06	4.42	7.30
保定	2.58	4.60	-4.00	-7.47	7.25	12.59	5.83	10.39
张家口	1.75	6.40	-1.08	-4.23	1.58	5.94	2.25	8.23
承德	2.83	7.89	-2.17	-6.55	0.58	1.65	1.25	3.48
沧州	-5.00	-13.82	-5.92	-14.37	0.25	0.53	-10.67	-29.49
廊坊	1.92	3.95	-4.83	-10.38	3.33	6.48	0.42	0.86
衡水	-0.42	-0.97	-1.33	-3.06	4.50	10.02	2.75	6.37

数据来源:自空气质量在线监测分析平台查询计算得出。

三、空气质量改善情况

表 5 - 7 给出了 2015—2020 年京津冀 13 个城市的空气质量指数(Air Quality Index,AQI)①数值,从中可以看出,2015 年时除张家口、秦皇岛和承德 3 个城市外,其余 10 个城市的空气质量等级(AQI 介于 0 - 50 为一级,空气质量等级为优; AQI 介于 51 - 100 为二级,空气质量等级为良;AQI 介于 101 - 150 为三级,空气质量等级为轻度污染)均属于轻度污染;到 2020 年,除石家庄、邯郸和邢台 3 个城市外,其余 10 个城市的空气质量等级均属于良,石家庄、邯郸和邢台 3 个城市的年均 AQI 数值也已接近于回落至 100 以内。从 2015—2020 年 AQI 数值的累计变化情况看,所有城市均呈现出较明显的下降,其中北京、保定、衡水 3 个城市累计下降幅度超过 30%,廊坊、唐山、邢台、承德 4 个城市累计下降幅度在 20% ~ 30% 区间,天津、沧州、张家口、石家庄、邯郸 5 个城市累计下降幅度在 10% ~ 20% 区间,仅秦皇岛的累计下降幅度低于 10%。这表明,京津冀 13 城市在空气质量改善方面存在一定的协同效应,但不同城市之间的协同程度也具有较明显的差异性。

表 5 - 7   2015—2020 年京津冀地区 13 城市年度平均 AQI 数值

城市	2015	2016	2017	2018	2019	2020	累计变化（%）
北京	121. 50	113. 17	102. 25	87. 00	86. 50	78. 58	− 35. 32
天津	103. 00	103. 92	107. 75	91. 58	100. 08	90. 33	− 12. 30
廊坊	123. 25	107. 58	109. 00	88. 75	94. 42	87. 92	− 28. 67
保定	146. 75	130. 67	133. 92	109. 83	109. 25	94. 83	− 35. 38
唐山	121. 67	112. 92	114. 58	93. 42	97. 50	90. 83	− 25. 34

---

① AQI 综合考虑了 SO_2、NO_2、PM_{10}、$PM_{2.5}$、CO、O_3 六项污染物的污染程度,其数值越大,表明综合污染程度越重。具体的计算方法参见原环境保护部 2012 年 2 月 29 日发布、2016 年 1 月 1 日起实施的《环境空气质量指数(AQI)技术规定(试行)》。

城市	2015	2016	2017	2018	2019	2020	累计变化（%）
沧州	105.42	107.33	112.25	98.25	95.92	91.08	−13.60
张家口	75.17	77.25	77.75	64.67	70.08	65.67	−12.64
石家庄	123.67	135.67	133.92	112.17	114.00	103.00	−16.71
秦皇岛	80.58	82.58	87.50	73.67	82.42	74.42	−7.65
邯郸	126.75	121.00	130.33	111.00	117.75	102.75	−18.93
邢台	136.50	124.08	129.58	111.83	114.42	100.67	−26.25
衡水	139.50	130.33	122.08	98.25	104.58	95.17	−31.78
承德	84.33	82.83	79.00	70.00	69.83	67.08	−20.45

数据来源：根据中国空气质量在线监测分析平台整理计算的月度数据（原始数据来自中国环境监测总站）计算得出。

进一步从与 AQI 数值关联的 6 项主要污染物细颗粒物（$PM_{2.5}$）、可吸入颗粒物（PM_{10}）、二氧化氮（NO_2）、二氧化硫（SO_2）、臭氧（O_3）和一氧化碳（CO）2015—2020 年的累计变动情况（见图 5−1）看，13 个城市在 $PM_{2.5}$、PM_{10}、NO_2、SO_2 和 CO 的年平均浓度上均有所下降，其中 SO_2 年均浓度的下降程度普遍最高，NO_2 年均浓度的下降程度普遍较低，$PM_{2.5}$、PM_{10} 和 CO 年均浓度的下降程度则居于中间水平。O_3 年均浓度的变化方面，北京和承德有一定程度的下降，保定、张家口和衡水没有明显变动，其余 8 个城市则均有不同程度的上升，其中秦皇岛的上升幅度超过 50%，邢台、邯郸、天津、石家庄 4 城市的上升幅度超过 25%。这些表明，京津冀大气污染协同治理的绩效因不同城市和不同污染物具有较明显的差异性。客观衡量评价这种差异，精准识别短板和不足之处，对于进一步提升协同治理绩效具有直接意义。

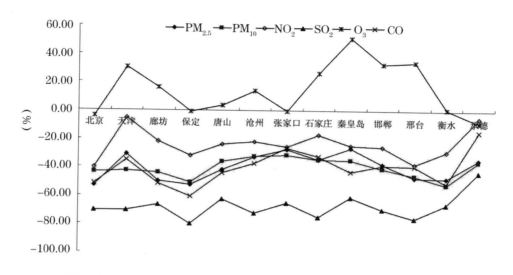

图 5 - 1 2015—2020 年京津冀 13 城市主要大气污染物浓度累计变化情况

第二节　京津冀环境协同治理政策制定与实施

结合京津冀环境治理的现实情境,借鉴王振波等的多层跨区多向联动(HC-ML)模式①,本报告构建一个"中央—区域—城市"三层联动的立体协同治理政策体系框架(见图 5 -2)。

---

① 王振波等:《京津冀城市群空气污染的模式总结与治理效果评估》,《环境科学》2017 年第 10 期。

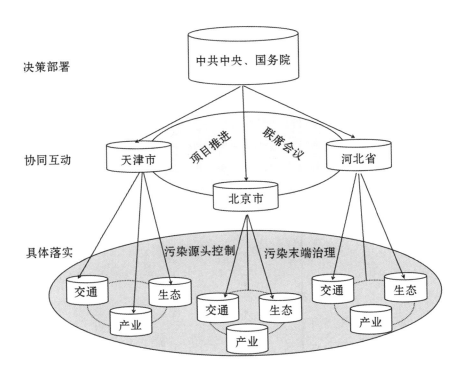

图 5 - 2 京津冀城市群环境治理框架

该框架主要包括以下方面：①中央层面的统一部署，提供了制度基础、领导保障和工作方向；②区域层面的协同互动，在中央统一部署下联合开展工作，建立协同工作机制；③各城市、各领域层面的具体任务落实，根据制定的目标开展能源结构调整、污染源头控制、末端治理等工作，推动各项任务的落实。

一、中央层面决策部署

中央层面关于生态环境保护的顶层制度设计为京津冀生态环境协同治理奠定了制度基础，中央统一的组织领导和总体规划计划为相关工作的开展提供了组织保障和具体工作方向。

（一）顶层制度设计

1. 强化生态环境保护的法律基础，相关的法律体系得到进一步修订和丰富完善

2014 年修订完成的《中华人民共和国环境保护法》被称为"史上最严"环保法，《中华人民共和国大气污染防治法》《中华人民共和国水污染防治法》《中华人民共和国环境噪声污染防治法》《中华人民共和国环境影响评价法》《中华人民共和国循环经济促进法》《中华人民共和国节约能源法》《中华人民共和国防沙治沙法》等与生态环境相关的法律也得到修订和（或）修正，《大气污染防治行动计划》和《水污染防治行动计划》也开始实施。此外，2016 年 12 月 25 日，第十二届全国人民代表大会常务委员会第二十五次会议通过《中华人民共和国环境保护税法》，自 2018 年 1 月 1 日起施行；2018 年 8 月 31 日，第十三届全国人民代表大会常务委员会第五次会议通过《中华人民共和国土壤污染防治法》，自 2019 年 1 月 1 日起施行。2018 年第十三届全国人大第一次会议通过了《中华人民共和国宪法修正案》，以国家根本大法的形式确立了生态文明和"美丽中国"的根本遵循，意味着以生态文明建设为主题的绿色发展政策在新时期有了更具力量保证的顶层设计。

2. 推进生态文明制度体系建设，实行最严格的生态环境保护制度

党的十八届三中全会通过的《中共中央关于全面深化改革若干重大问题的决定》和党的十八届四中全会通过的《中共中央关于全面推进依法治国若干重大问题的决定》都要求完善生态文明制度体系，强调用法制推进绿色发展，推动生态文明建设。2015 年中共中央、国务院先后印发《关于加快推进生态文明建设的意见》和《生态文明体制改革总体方案》，对生态文明建设以及生态文明制度体系完善进行了总体部署。2016 年 12 月，中共中央办公厅、国务院办公厅印发了《生态文明建设目标评价考核办法》，根据该考核办法，国家发展改革委、国家统计局、环境保护部、中央组织部等部门制定印发了《绿色发展指标体系》和《生态文明建设目标考核体系》，为评价绿色发展状况和生态文明建设情况提供了政策依据。

党的十九大以来,中央进一步强化对生态环境保护的顶层设计。2017 年 10 月,习近平总书记在党的十九大报告中阐述了新时代坚持和发展中国特色社会主义的基本方略,"实行最严格的生态环境保护制度"是第九条方略"坚持人与自然和谐共生"中的内容;党的十九大报告还对"加快生态文明体制改革,建设美丽中国"提出了具体要求,"加强对生态文明建设的总体设计和组织领导"是其中内容。2018 年 6 月,中共中央、国务院印发《关于全面加强生态环境保护坚决打好污染防治攻坚战的意见》,明确了全面加强生态环境保护的指导思想、总体目标、基本原则和主要工作方向。2019 年 10 月召开的党的十九届四中全会将生态环境保护制度列入坚持和完善中国特色社会主义制度、推进国家治理体系和治理能力现代化的重要内容,阐述了"坚持和完善生态文明制度体系,促进人与自然和谐共生"的具体要求。2020 年 2 月 23 日,中共中央办公厅、国务院办公厅印发了《关于构建现代环境治理体系的指导意见》,明确未来五年工作的主要目标是:建立健全环境治理的领导责任体系、企业责任体系、全民行动体系、监管体系、市场体系、信用体系、法律法规政策体系,落实各类主体责任,提高市场主体和公众参与的积极性,形成导向清晰、决策科学、执行有力、激励有效、多元参与、良性互动的环境治理体系。2020 年 10 月召开的党的十九届四中全会进一步围绕"推动绿色发展,促进人与自然和谐共生",从"加快推动绿色低碳发展""持续改善环境质量""提升生态系统质量和稳定性""全面提高资源利用效率"几个方面作出系统部署。

3. 建立生并持续完善态环境保护督察制度,确保工作落实到位

2015 年以来,中央建立并不断完善环境保护督察制度,为京津冀生态环境协同治理政策的落实提供了执行层面的有力保障。2015 年 7 月 1 日,中央深改组第十四次会议审议通过《环境保护督察方案(试行)》,明确建立环保督察机制。2015 年 8 月,中央印发《环境保护督察方案》;同年 12 月,位于京津冀其余的河北省督察试点启动,到 2017 年底,第一轮中央环保督察分四批展开,对 31 个省区市(港澳台除外)实现全覆盖。在第一轮督察期间,2017 年 4 月 7 日至 2018 年 3 月 31 日,为推动京津冀及周边地区"2 +26"城市大气环境质量持续改善,生态环境

部组织开展京津冀及周边地区大气污染防治强化督察。

2018年在国务院机构改革之下，国家环境保护督察办公室更名为中央生态环境保护督察办公室①，该部门为生态环境部21个内设机构之一；2019年6月，中共中央办公厅、国务院办公厅印发《中央生态环境保护督察工作规定》，进一步规范强化了生态环境保护督察工作；同年7月，第二轮第一批中央生态环境保护督察启动，2020年8月和2021年4月，第二批、第三批中央生态环境保护督察先后启动；2022年，中央生态环境保护督察办公室还对一些地方和部门开展"回头看"，实现对所有省份第二轮督察全覆盖。

（二）统一领导组织

2010年国务院办公厅发布《关于推进大气污染联防联控工作改善区域空气质量指导意见的通知》，提出到2015年建立大气污染联防联控机制，京津冀是重点区域之一。2013年9月，国务院出台《大气污染防治行动计划》（简称《大气十条》），对五年内大气污染防治的总体要求、奋斗目标和具体指标均给出了详细说明，《大气十条》明确规定，建立京津冀、长三角区域大气污染防治协作机制，由区域内省级人民政府和国务院有关部门参加，为京津冀环境协同治理指明了具体方向。

2013年10月，京津冀大气污染防治协作小组（简称"协作小组"）成立，小组成员包括六省区七部委（京、津、冀、晋、内蒙古、鲁六省区市和环境部、国家发改委、工信部、财政部、住建部、气象局、能源局），标志着京津冀及周边地区大气污染防治协作机制正式启动，此后河南省和交通运输部也被纳入进来。2018年7月，国务院办公厅发布关于成立京津冀及周边地区大气污染防治领导小组的通知，将"协作小组"调整为"京津冀及周边地区大气污染防治领导小组"，组长由"北京市委书记"调整为"国务院副总理"，副组长继续由生态环境部部长和三地省（市）长担任，具体成员构成见表5-8。

① 中央生态环境保护督察办公室的主要职责参见生态环境部网站。

表5-8　京津冀及周边地区大气污染防治协作小组成员构成

组长		国务院副总理
副组长		生态环境部部长、北京市市长、天津市市长、河北省省长
成员	（一）	国务院副秘书长、国家发改委副主任、工业和信息化部副部长、公安部副部长、财政部副部长、生态环境部副部长、交通运输部副部长、住房城乡建设部副部长
	（二）	中国气象局局长、国家能源局局长
	（三）	山西省副省长、内蒙古自治区副主席、山东省副省长、河南省副省长

资料来源:《国务院办公厅关于成立京津冀及周边地区大气污染防治领导小组的通知》,2018年7月11日发布。

根据《国务院办公厅关于成立京津冀及周边地区大气污染防治领导小组的通知》,京津冀及周边地区大气污染防治领导小组主要职责包括:贯彻落实党中央、国务院关于京津冀及周边地区(以下称区域)大气污染防治的方针政策和决策部署;组织推进区域大气污染联防联控工作,统筹研究解决区域大气环境突出问题;研究确定区域大气环境质量改善目标和重点任务,指导、督促、监督有关部门和地方落实,组织实施考评奖惩;等等。领导小组办公室设在生态环境部,承担领导小组日常工作。2018年9月,生态环境部"三定"方案公布,在大气环境司加挂京津冀及周边地区大气环境管理局的牌子,实现了跨区域大气污染防治机构的设立。

推动京津冀协同治理的组织机构明确后,这些机构一般采用横向协同和纵向协同的方式对任务进行分解。在横向协同层面,京津冀采取了由省地市官员牵头负责,相关职能部门进行协同参与的指挥长负责制进行横向任务分解;在此机制下,指挥长与分指挥长明确分工责任,协同配合工作,共同完成任务。[1]

---

① 魏娜、孟庆国:《大气污染跨域协同治理的机制考察与制度逻辑——基于京津冀的协同实践》,《中国软科学》2018年第10期。

（三）总体规划计划

宏观战略规划是指为了促进京津冀环境治理行为以及三地政府之间的相互合作和相互协调，以京津冀环境长期发展目标为依据，组织、制定和部署各种环境保护或环境治理方案，以保障国家特定宏观战略目标的实现。2015年4月，国家出台了《京津冀协同发展规划纲要》，这份纲领性文件既为京津冀协同发展指明了发展方向，也对京津冀生态环境协同治理作出了重要指示，其核心和重点就是打破传统行政区划，在生态环境保护、修复以及污染防治上，建立全面合作、标准统一的环境准入和退出机制，加强环境污染防治的联防联控，实施清洁空气、水、土壤等专项行动，大力推进绿色、低碳、循环发展，积极改善区域生态环境质量。

2015年12月，国家发改委、环保部联合发布《京津冀协同发展生态环境保护规划》，该规划明确了京津冀环境与经济协同发展的方向，并着眼生态环境保护的目标任务、实现路径和体制机制保障，从推展京津冀生态治理空间、强化生态修复、打造环境改善的示范区等方面，提出推进京津冀区域污染防治和环境治理的合作机制。规划明确提出，到2020年，京津冀地区$PM_{2.5}$年平均浓度要控制在64微克/立方米左右，比2013年下降40%左右。

此外，针对京津冀水环境保护和大气环境治理，也从国家层面出台了许多专门规划或行动计划。有关水环境保护和治理，近年来侧重水利项目的协同发展以及区域上下游之间的横向生态补偿等。2016年5月，经京津冀协同发展领导小组办公室同意，水利部印发《京津冀协同发展水利专项规划》，要求制定2020年和2030年京津冀水利建设目标与控制性指标，实现京津冀水资源的统一调配和联合管理。

在大气环境治理方面，国务院层面直接推动制定了一系列行动计划和实施细则。2013年9月，在国务院印发《大气污染防治行动计划》仅一周后，环境保护部、能源局、工业和信息化部、财政部、住房城乡建设部和发展改革委六部门就联合印发《京津冀及周边地区落实大气污染防治行动计划实施细则》。2016、2017年，环保部组织制定了《京津冀大气污染防治强化措施（2016—2017年）》

《京津冀及周边地区 2017 年大气污染防治工作方案》《京津冀及周边地区 2017—2018 年秋冬季大气污染综合治理攻坚行动方案》。2018 年和 2019 年，新组建的生态环境部牵头制定、发布和推动实施《京津冀及周边地区 2018—2019 年秋冬季大气污染综合治理攻坚行动方案》《京津冀及周边地区 2019—2020 年秋冬季大气污染综合治理攻坚行动方案》，2020 年和 2021 年，进一步牵头推动实施《京津冀及周边地区、汾渭平原 2020—2021 年秋冬季大气污染综合治理攻坚行动方案》和《2021—2022 年秋冬季大气污染综合治理攻坚方案》。这些协同机制实施取得了明显成效，这也充分证明，只要区域间通力合作，协同治理区域内重点污染源，严格控制污染物排放总量，严守区域环境容量底线，同步实施各项政策，严厉抓好环境执法工作，就能有效控制和治理大气污染。

二、区域层面协同推进

（一）政策协同

政策是在治理中所采用的最重要、最普遍的工具。通过在北大法宝数据库中按标题模糊搜索"京津冀""北京""天津""河北""环境""环境治理""大气""生态"等关键词，以 2014—2020 为时间节点，搜索出中央法规 309 份，地方法规 1639 份，剔除明显不相关的文件和答复等，通过梳理、归类和总结，得出 2014—2020 年来京津冀环境治理政策文本数（见表 5 - 9）。

表 5 - 9　2014—2020 年京津冀环境治理政策文本　　　　　单位：件

年份	联合发文	单独发文			合计
	京津冀	北京	天津	河北	
2014	2	25	5	69	101
2015	2	24	16	48	90
2016	2	68	15	87	172
2017	8	48	30	91	177
2018	6	27	26	42	101
2019	1	16	18	33	68

续表

年份	联合发文	单独发文			合计
	京津冀	北京	天津	河北	
2020	1	12	9	16	38
合计	22	220	119	386	747

资料来源：作者整理。

从表 5 - 9 中不难看出，京津冀各自围绕环境治理出台了大量政策，围绕促进京津冀生态环境协同治理也联合推出一系列政策举措，充分体现了三地在推动京津冀区域生态环境治理方面的政策协同。

（二）联防联控治理机制

我国联防联控机制的运用最早可追溯到 1998 年的两控区政策，2008 年北京奥运会前后开展的北京及周边地区空气质量保障工作使联防联控机制得到了广泛重视和运用。

2013 年 9 月，国务院印发《大气污染防治行动计划》，内容涉及燃煤、工业、机动车、重污染预警等方面，从优化产业结构和调整能源结构、加快技术改造、完善环境经济政策等多个角度详细阐释了实现大气污染防治目标的具体措施，自此我国开始了大污染防治的新阶段。为推动该计划在京津冀的落实，一周后，环境保护部、国家发展改革委等六部门联合印发了《京津冀及周边地区落实大气污染防治行动计划实施细则》，并于一个月后成立了京津冀及周边地区大气污染联合防治协作小组（该小组于 2018 年升格为国务院副总理亲任组长的"领导小组"），组织推进区域大气污染联防联控工作，统筹研究解决区域大气环境突出问题，京津冀三地政府联防联控机制正式启动，各地按照"责任共担、信息共享、协商统筹、联防联控"的原则，共同推进区域大气污染联防联控工作。

开展具体工作方面，先是制定和实施年度的京津冀及周边地区大气污染联防联控重点工作，2017 年开始在秋季推出和实施京津冀及周边地区秋冬季大气污染综合治理攻坚行动方案。生态环境部印发的《2019 年全国大气污染防治工作要点》中在"深化京津冀及周边地区大气污染联防联控"部分进一步要求细化"统一规划、统一标准、统一环评、统一监测、统一执法"运行规则并组织实施。目前,在推进生态环境联防联控工作过程中,京津冀初步建立了信息共享机制、区域空气重污染监测预警体系、联动应急响应机制以及联合执法机制等,并且不断拓展和深化具体工作。以联合执法为例,合作层级不断下沉,如北京房山区生态环境局与河北省保定市涞水县和涿州市生态环境部门共同制定实施《2020年房涞涿三地生态环境保护联防联控工作计划》。

(三)横向生态补偿机制

在水环境治理方面,京津冀积极探索实践横向生态补偿模式和工作机制。按照党中央、国务院关于推进流域上下游建立横向生态补偿机制的部署,2016年,财政部、原环保部决定重点在引滦入津流域(河北、天津)等四个流域开展生态补偿试点。2016年7月,在财政部和环境保护部指导下,天津市和河北省就引滦入津上下游横向生态补偿达成一致意见,确定了《引滦入津上下游横向生态补偿实施方案》,建立了引滦入津上下游横向生态补偿机制。中央财政及津冀两省(市)共设立第一期(2016—2018年)引滦入津上下游横向生态补偿资金15亿元,补偿范围包括引滦入津流域于桥水库上游河北省承德市和唐山市相关县(市、区)。到2018年12月,第一期补偿协议履约到期。2019年12月,天津市、河北省签署《关于引滦入津上下游横向生态补偿的协议(第二期)》,明确2019—2021年共投入12亿元补偿资金推动相关工作,资金来源为河北省、天津市每年各出资1亿元、中央财政每年补助资金2亿元。

北京市与河北省也围绕水源涵养区保护建立了密云水库上游潮白河流域水源涵养区横向生态保护补偿机制。2018年11月,京冀两地正式签署《密云水库上游潮白河流域水源涵养区横向生态保护补偿协议》,按照"成本共担、效益共享、合作共治"的原则,建立协作机制,共同组织跨界断面水质联合监测,共同出资设立生态补偿金,第一轮补偿期限为2018—2020年,共落实补偿资金21亿元,其中河北省每年出资1亿元,北京市每年出资3亿元,中央财政每年补助资金3亿元。

第三节　二氧化碳与主要大气污染物
协同治理效果评价

在第一节计算数据及分析基础上，本节借助散点图，进一步对二氧化碳与主要污染物协同治理的效果进行评价。

一、评价方法和数据来源

本节研究样本覆盖京津两个直辖市以及河北省所有地级行政单位，共 13 个城市。利用中国碳核算数据库（CEADs）中的二氧化碳排放数据，结合中国环境监测总站城市大气污染物与空气质量数据，定量分析京津冀 13 个城市在 2014—2017 年二氧化碳排放、大气污染物（工业二氧化硫和工业烟粉尘）排放量和空气质量（$PM_{2.5}$ 浓度、PM_{10} 浓度、NO_2 浓度、SO_2 浓度、O_3 浓度）的动态变化，并对 13 个城市二氧化碳和大气污染的协同治理效果进行评估。借鉴生态环境部环境规划院气候变化与环境政策研究中心发布的《中国城市二氧化碳和大气污染协同管理评估报告》中的方法，使用减排量和减排率衡量二氧化碳和大气污染物排放量的动态变化情况，使用下降量和下降率衡量空气质量的动态变化情况，具体的计算公式如下：

减排量 = 基期排放量 − 当期排放量；

减排率 =（基期期排放量 − 当期排放量）/基期排放量；

下降量 = 基期浓度 − 当期浓度；

下降率 =（基期浓度 − 当期浓度）/基期浓度。

研究所用数据来源如下：①2014—2017 年京津冀各城市二氧化碳排放数据均来自中国碳核算数据库，北京市和天津市的数据直接来自省级数据，河北省 11 个城市的数据自"1997—2017 年中国县级尺度碳排放"中的区县层面数据加总获得；②工业二氧化硫和工业烟粉尘排放数据来自 2015—2018 年《中国城市统计年鉴》；③$PM_{2.5}$浓度、PM_{10}浓度、NO_2浓度、SO_2浓度以及 O_3 浓度年均数据均由中国空气质量在线监测分析平台空气质量历史月度数据进行算术平均获得①。

二、二氧化碳减排与工业二氧化硫减排协同效果

从二氧化碳减排量与工业二氧化硫减排量的协同效果看，图 5 - 3 显示：①京津冀 13 个城市均在第一、二象限内，说明这些城市均实现了二氧化硫减排。②在 13 个城市中，有 8 个城市（北京、天津、张家口、石家庄、邯郸、承德、唐山、秦皇岛）分布在第一象限，意味着实现了二氧化碳和二氧化硫协同减排，占城市总数的 61.5%；衡水和邢台大体上位于纵坐标轴上，说明这两个城市仅实现了二氧化硫减排；保定、廊坊和沧州位于第二象限，说明这四个城市实现了二氧化硫减排，但二氧化碳出现了增排。③天津、唐山、石家庄、邯郸等市在第一象限且距离原点相对较远，说明二氧化碳和二氧化硫协同减排力度较大；北京碳减排力度较大，但二氧化硫减排量小。

---

① https://www.aqistudy.cn/historydata/monthdata.php.

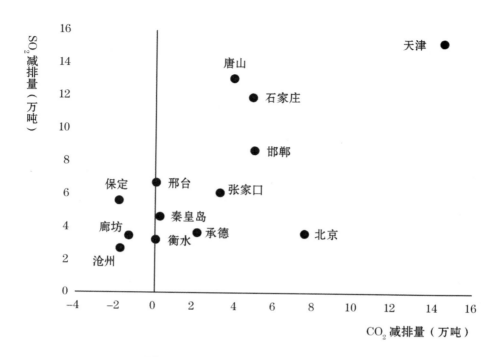

图 5 – 3 CO_2 减排量与工业 SO_2 减排量

就二氧化碳减排率与工业二氧化硫减排率的协同效果（见图 5 – 4）而言，京津冀所有城市的二氧化硫减排率都在 50% 以上，均值为 73.81%，北京和衡水超过了 90%，但二氧化碳减排率均值仅为 27.9%，说明京津冀二氧化硫减排绩效明显好于二氧化碳减排绩效。不同城市二氧化碳减排率有较大差异，北京、天津、张家口、承德为第一梯队，邯郸、石家庄和唐山为第二梯队，秦皇岛、衡水和邢台为第三梯队，保定、廊坊和沧州则可归为第四梯队（减排率为负）。北京、天津和张家口的二氧化碳减排率和二氧化硫减排率均处于高位，较好地实现了二氧化碳和二氧化硫协同减排。

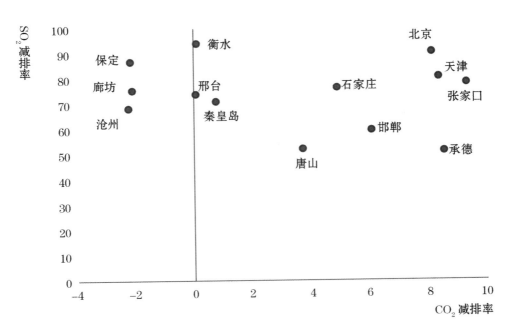

图 5-4　CO$_2$ 减排率与工业 SO$_2$ 减排率

三、二氧化碳与大气污染物协同治理效果评价

（一）二氧化碳减排与 PM$_{2.5}$ 浓度下降协同治理效果

从二氧化碳减排量与 PM$_{2.5}$ 浓度下降量的协同效果（见图 5-5）以及二氧化碳减排率与 PM$_{2.5}$ 浓度下降率的协同效果（见图 5-6）看，图 5-5 和图 5-6 与图 5-3 和图 5-4 具有高度相似的特征，在此不再赘述。总体而言，北京、天津和承德较好地实现了二氧化碳和 PM$_{2.5}$ 浓度的协同下降。

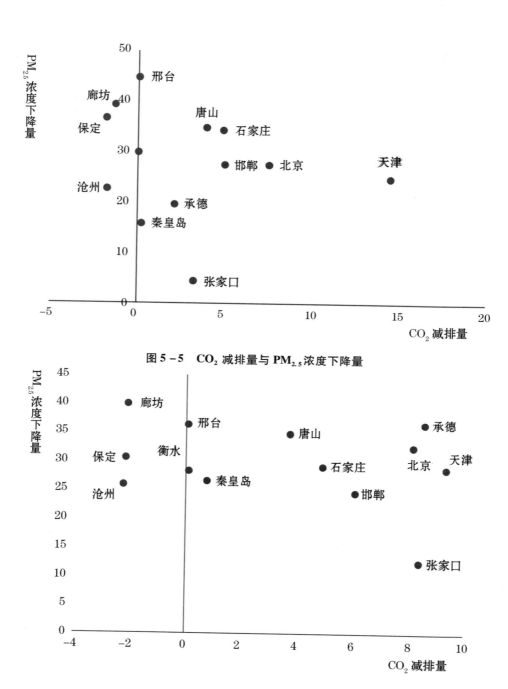

图 5 − 5   CO₂ 减排量与 PM₂.₅ 浓度下降量

图 5 − 6   CO₂ 减排率与 PM₂.₅ 浓度下降率

（二）二氧化碳减排与二氧化氮浓度下降协同治理效果

就二氧化碳减排量与二氧化氮浓度下降量的协同效果（见图 5-7）而言,北京和天津两直辖市二氧化碳和二氧化氮协同治理效果均比较理想,所不同的是,北京市二氧化碳减排量和二氧化氮浓度下降量基本上同比例,天津市二氧化碳减排量较二氧化氮浓度下降量更为显著。张家口、唐山和秦皇岛 3 个城市二氧化碳减排量与二氧化氮浓度下降量也表现出协同性,但减排和下降的力度都相对较小。其余城市均未实现二氧化碳排放量和二氧化氮浓度的协同降低,尤其是沧州反而表现出二氧化碳和二氧化氮浓度的协同增长;保定尽管实现了二氧化碳浓度的明显下降,但二氧化碳排放量却有所上升;廊坊二氧化氮浓度有轻微下降,二氧化碳排放量同样有所上升;邢台和衡水的二氧化氮浓度均有所下降,二氧化碳排放量保持了稳定;秦皇岛市的二氧化碳排放量和二氧化氮浓度均没有明显变化;邯郸和石家庄实现了二氧化碳排放量的较明显下降,但二氧化氮浓度有所上升。

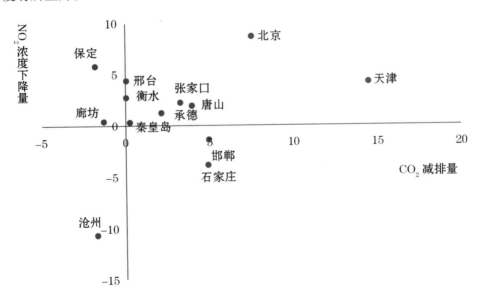

图 5-7　CO_2 减排量与 NO_2 浓度下降量

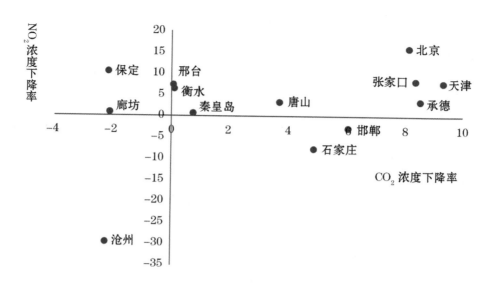

图 5-8 CO_2 减排率与 NO_2 浓度下降率

图5-8所表示的二氧化碳减排率与二氧化氮浓度下降率的协同关系与图5-7所表示的协同关系基本一致,也不再赘述。

(三)二氧化碳减排与臭氧浓度下降协同治理效果

由图5-9和图5-10可以看出,二氧化碳减排与臭氧浓度下降之间尚不存在协同治理效果。究其原因,除衡水的臭氧浓度小幅度下降以及北京的臭氧浓度微弱下降外,其余城市的臭氧浓度均表现出不同程度的增长,秦皇岛、天津、张家口、邯郸、石家庄、邢台、廊坊的增加量及增长幅度都十分明显,唐山、保定和沧州的增加量及增长幅度也比较显著,这意味着绝大多数城市的臭氧浓度还处于上升阶段。

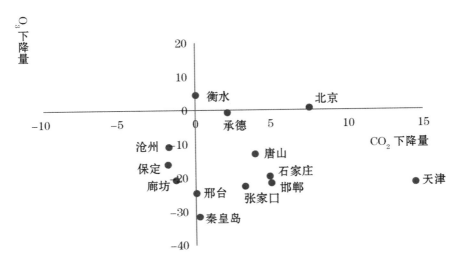

图 5 – 9　CO$_2$ 减排量与 O$_3$ 浓度下降量

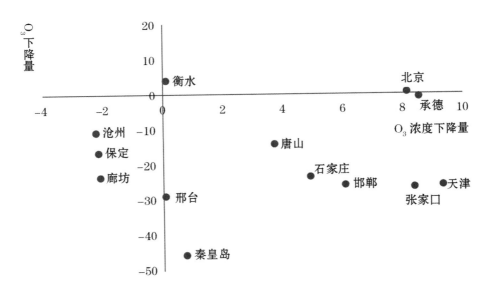

图 5 – 10　CO$_2$ 减排量与 O$_3$ 浓度下降量

第四节　京津冀生态环境跨地域协同治理效果评价

一、评价方法和数据来源

上一节在衡量大气污染物浓度下降情况时，采用了下降量和下降率 2 个指标，为进一步测度衡量不同城市对大气污染物治理的协同程度，本节在下降率指标基础上，进一步构建不同城市之间大气污染物下降率协同指数，简称城际协同指数。以污染物 A 为例，城际协同指数具体计算方法如下：

第一步：计算各个城市污染物 A 的浓度变化率（Change Rate of A，CRA），CRA_i ＝（污染物 A 基期浓度 − 污染物 A 当期浓度）/污染物 A 基期浓度，i 表示城市 i；

第二步：选择城市 x 污染物 A 的浓度下降率作为标准值，即以 CRA_x 的数值为标准值；

第三步：利用 CRAx 的数值对城市 y 污染物 A 的浓度的下降率进行无纲量化处理，也即标准化处理，将标准化后得出的数值界定为城际协同指数（Inter − City Synergy Index，ICSI），即城市 y 与城市 x 污染物 A 治理的协同指数可以表示为：$ICSI_{xy} = CRA_y/CRA_x$。

$ICSI_{xy}$ 的数值并无固定范围。为进一步便于分析，借鉴 Tapio 在分析经济增长与环境污染脱钩关系时对脱钩指数进行 8 个类型划分的思路，可以根据表 5 − 10 中的标准将城市 y 与城市 x 污染物 A 治理的协同关系划分为 8 个类型。

表 5 – 10　污染物治理城际协同指数划分

协同关系	标准		
	DRA_x	DRA_y	$ICSI_{xy}$
消极负协同	< 0	> 0	$ICSI_{xy} < 0$
弱协同改善	< 0	< 0	$0 < ICSI_{xy} < 0.8$
协同改善	< 0	< 0	$0.8 < ICSI_{xy} < 1.2$
强协同改善	< 0	< 0	$ICSI_{xy} > 1.2$
积极负协同	> 0	< 0	$ICSI_{xy} < 0$
弱协同恶化	> 0	> 0	$0 < ICSI_{xy} < 0.8$
协同恶化	> 0	> 0	$0.8 < ICSI_{xy} < 1.2$
强协同恶化	> 0	> 0	$ICSI_{xy} > 1.2$

考虑到 AQI 由 $PM_{2.5}$、PM_{10}、NO_2、SO_2、O_3 和 CO 这六项指标计算得出,控制好了这六项指标,AQI 数值自然会下降,因此本章采用这六项指标具体测度分析城际协同指数,所需 13 个城市六项指标的年度数据来源均根据空气质量在线监测分析平台整理计算的月度数据进行算术平均计算得出。

二、测度结果及分析

综合考虑京津冀地区 13 个城市的地理位置及影响辐射能力,本节分别选择北京、天津、石家庄、唐山作为参照城市,分别计算周边其他城市与参照城市六项指标的城际协同指数。

(一)北京周边六城市与北京市的协同治理效果

1. 北京市六项指标变化情况

表 5 – 11 显示,2015—2020 年,北京市 $PM_{2.5}$、PM_{10}、NO_2 以及 SO_2 的年均浓度值均连续六年持续下降,CO 的年均浓度值自 2016 年起连续五年持续下降,O_3 的年均浓度值则呈现下降与增长交替并存的复杂状态。

表 5 - 11   2015—2020 年北京市六项指标年均浓度的同比变化率 单位：%

年份	$PM_{2.5}$	PM_{10}	NO_2	SO_2	O_3	CO
2015	− 5.40	− 13.72	− 10.79	− 38.31	0.00	2.21
2016	− 9.03	− 3.73	− 1.70	− 23.53	− 3.36	− 10.89
2017	− 21.46	− 12.82	− 4.16	− 20.51	2.87	− 13.01
2018	− 17.59	− 13.52	− 16.09	− 29.03	− 4.91	− 23.82
2019	− 11.11	− 7.53	− 5.17	− 19.70	3.11	− 8.66
2020	− 9.72	− 15.80	− 20.45	− 15.09	− 1.81	− 10.04

2. 周边城市与北京市六项指标城际协同指数结果分析

与北京接壤的城市有天津市以及河北省的廊坊、保定、唐山、张家口、承德五市，表 5 - 12 给出了计算得出的这六个城市与北京市六项指标的城际协同指数值。

表 5 - 12   北京市周边六城市与北京市六项指标的城际协同指数值

指标	年份	天津	廊坊	保定	唐山	张家口	承德
$PM_{2.5}$	2015	3.63	2.60	2.15	2.99	1.05	4.13
	2016	0.17	2.54	1.48	1.38	0.63	0.62
	2017	0.46	0.43	0.43	0.51	0.07	0.62
	2018	1.22	0.99	1.34	0.90	1.30	0.84
	2019	− 0.49	0.51	0.74	0.26	− 0.63	− 0.05
	2020	0.65	0.84	1.46	0.91	0.54	0.70

指标	年份	天津	廊坊	保定	唐山	张家口	承德
PM$_{10}$	2015	0.81	0.89	1.22	1.04	-0.38	1.47
	2016	2.83	5.11	4.35	2.39	-1.15	1.44
	2017	1.04	0.70	0.66	0.60	1.29	0.09
	2018	1.28	0.77	1.41	1.06	1.31	0.97
	2019	-0.60	0.67	0.81	-0.12	-0.81	1.41
	2020	0.91	0.67	0.96	0.75	0.63	0.73
NO$_2$	2015	2.22	0.37	0.43	0.08	0.59	0.73
	2016	-9.45	-6.09	-4.38	2.03	-2.49	-3.84
	2017	-1.08	1.56	3.03	-0.24	1.43	0.40
	2018	0.90	0.67	0.93	0.78	0.93	0.60
	2019	0.37	1.99	1.20	0.47	-0.15	-0.41
	2020	0.35	0.29	0.45	0.41	0.57	0.10
SO$_2$	2015	1.05	0.91	0.37	0.88	1.13	0.99
	2016	1.14	1.00	1.23	0.25	1.57	0.83
	2017	1.12	1.21	1.22	0.64	1.09	0.05
	2018	1.08	0.87	1.11	0.73	0.70	0.93
	2019	0.11	0.87	1.41	1.44	0.84	-0.44
	2020	1.47	0.39	1.47	1.21	-0.47	0.70
O$_3$	2015	—	—	—	—	—	—
	2016	-3.22	-2.35	2.20	-0.10	-1.22	0.07
	2017	7.83	5.41	8.21	3.85	1.40	-1.72
	2018	0.91	2.76	1.24	1.85	1.23	1.07
	2019	2.07	3.61	0.38	0.73	-0.03	0.12
	2020	2.99	1.67	4.86	-0.05	1.23	-0.65

指标	年份	天津	廊坊	保定	唐山	张家口	承德
	2015	−8.24	0.48	−5.63	−4.78	−11.83	1.46
	2016	−0.03	0.35	1.42	−0.62	2.05	0.60
CO	2017	0.04	0.80	1.34	0.87	−1.10	−0.23
	2018	1.15	0.71	1.14	0.88	0.17	0.47
	2019	0.37	2.35	1.11	1.37	1.00	0.23
	2020	0.70	1.53	1.39	1.49	0.55	−0.17

备注：因北京市 2015 年的 O_3 浓度年均值同比 0 增长，意味着计算当年六城市 O_3 与北京市 O_3 城际协同指数时分子为 0，分数没有意义，故表中以"—"表示。

从 $PM_{2.5}$ 的城际协同情况看，2015 年天津、廊坊、保定、唐山、承德五市均表现为强协同改善，张家口为协同改善；2016 年廊坊、保定、唐山三市表现为强协同改善，其余三市表现为弱协同改善；2017 年六市均表现为弱协同改善；2018 年天津、保定和张家口三市表现为强协同改善，其余三市表现为协同改善；2019 年廊坊、保定、唐山三市表现为弱协同改善，其余三市则呈现消极负协同状态；2020 年保定市表现为强协同改善，廊坊和唐山表现为协同改善，其余三市表现为弱协同改善。

从 PM_{10} 的城际协同情况看，2015 年和 2016 年，除张家口表现为消极负协同外，其余五市均表现为强协同改善或协同改善；2017 年和 2018 年，强协同改善、协同改善和弱协同改善三种状态均有出现；2019 年承德表现为强协同改善，廊坊和保定表现为弱协同改善，其余三市则呈现为消极负协同状态；2020 年六市表现为协同改善和弱协同改善。

从 NO_2 的城际协同情况看，2015 年除天津市表现为强协同改善外，其余五市表现为弱协同改善；2016 年除唐山市表现为强协同改善外，其余五市表现为消极负协同；2017 年廊坊、保定和张家口三市表现为强协同改善，承德市表现为弱协同改善，天津和唐山则表现为消极负协同；2018 年六市均表现为协同改善或弱协同改善;2019 年廊坊和保定表现为强协同改善,天津和唐山表现为弱协同改善,张家口和承德则表现为消极负协同;2020 年六市均表现为弱协同改善。

从 SO_2 的城际协同情况看,2015—2018 年,除 2016 年保定和张家口以及 2017 年廊坊和保定表现为强协同改善外,其余各城市各年份均表现为协同改善或弱协同改善;2019 年保定和唐山表现为强协同改善,廊坊和张家口表现为协同改善,天津市表现为弱协同改善,承德则表现为消极负协同;2020 年天津、保定和唐山三市表现为强协同改善,廊坊和承德表现为弱协同改善,张家口则表现为消极负协同。

从 O_3 的城际协同情况看,2016 年、2018 年和 2020 年北京市 O_3 年均浓度同比负增长,2016 年除保定市表现为强协同改善以及承德市表现为弱协同改善外,其余四城市均表现为消极负协同;2018 年均为强协同改善或协同改善状态;2020 年天津、廊坊、保定和张家口四城市表现为强协同改善,唐山和承德则表现为消极负协同。2017 年和 2019 年北京市 O_3 年均浓度同比正增长,意味着该项指标出现恶化情形,2017 年除承德市表现为积极负协同外,其余五城市均表现为强协同恶化;2019 年张家口市表现为积极负协同,保定、唐山和承德三市表现为弱协同恶化,天津和廊坊表现为强协同恶化。

从 CO 的城际协同情况看,2015 年北京市的年均浓度同比正增长,天津、保定、唐山和张家口四城市表现为积极负协同,承德市表现为强协同恶化,廊坊市表现为弱协同恶化。2016 年以来,北京市的年均浓度均同比负增长,2016 年保定和张家口表现为强协同改善,廊坊和承德表现为弱协同改善,天津和唐山则表现为消极负协同;2017 年保定市表现为强协同改善,廊坊和唐山表现为协同改善,天津市表现为弱协同改善,张家口和承德则表现为消极负协同;2018 年六城市均表现为协同改善或弱协同改善状态;2019 年廊坊和唐山表现为强协同改善,保定和张家口表现为协同改善,天津和承德表现为弱协同改善;2020 年廊坊、保定和唐山三城市表现为强协同改善,天津和张家口表现为弱协同改善,承德则表现为消极负协同。

总体来看,图 5 – 11 显示,弱协同改善出现的频次最高,共出现 62 次,占

29.52%;其次是强协同改善,出现 57 次,占 27.14%;最后是协同改善,出现 43 次,占 20.48%。这三种类型都属于比较理想的协同状态,合计出现 162 次,占 77.14%。显然,北京市周边六城市与北京市在大气污染物治理方面整体上表现出较为理想的协同性。

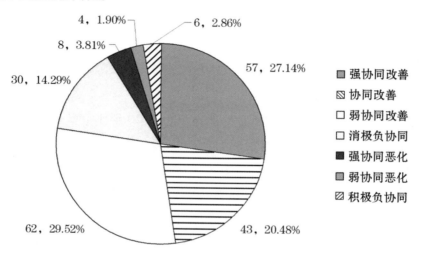

图 5 - 11　2015—2020 年六城市六项指标与北京市城际协同状态出现频次

注:因 2015 年的 O_3 指数值没有意义,2015—2020 年六城市六项指标数值总计共 210 个数值。

(二)天津周边五城市与天津市的协同治理效果

1. 天津市六项指标变化情况

表 5 - 13 显示,2015—2020 年,天津市除 SO_2 的年均浓度值均连续六年下降外,其余五项指标均出现个别年份正增长的情况,尤其是 O_3 的年均浓度值在 2016 年、2017 年和 2019 年出现三次正增长,意味着该项指标的控制情况尚不理想。

表 5 – 13　2015—2020 年天津市六项指标浓度的同比变化率　单位：%

年份	$PM_{2.5}$	PM_{10}	NO_2	SO_2	O_3	CO
2015	– 19.62	– 11.09	– 24.01	– 40.03	– 7.24	– 18.22
2016	– 1.56	– 10.53	16.10	– 26.88	10.83	0.36
2017	– 9.84	– 13.32	4.51	– 22.92	22.48	– 0.50
2018	– 21.43	– 17.34	– 14.43	– 31.28	– 4.47	– 27.47
2019	5.49	4.54	– 1.94	– 2.24	6.43	– 3.21
2020	– 6.34	– 14.37	– 7.11	– 22.14	– 5.42	– 7.00

2. 周边城市与天津市六项指标城际协同指数结果分析

与天津接壤的城市有北京市以及河北省的廊坊、唐山、沧州、承德四市，表 5 – 14给出了计算得出的这五个城市与天津市六项指标的城际协同指数值。

从 $PM_{2.5}$ 的城际协同情况看，天津市 $PM_{2.5}$ 年均浓度值下降的五个年份中，北京、廊坊、唐山、沧州、承德五个城市的城市协同指数值均为正值，意味着全部属于强协同改善、协同改善或弱协同改善三种状态；2019 年天津市 $PM_{2.5}$ 年均浓度值出现正增长，北京、廊坊、唐山和沧州四城市的城市协同指数值均为负，属于积极负协同，承德的城市协同指数值为 0.10，属于关联度较小的弱协同恶化。PM_{10} 的城际协同情况与 $PM_{2.5}$ 的城际协同情况基本一致，不同的一点在于，2019 年唐山表现为弱协同恶化，其余四城市表现为积极负协同。

表 5 – 14　天津市周边五城市与天津市七项指标的城际协同指数值

指标	年份	北京	廊坊	唐山	沧州	承德
PM$_{2.5}$	2015	0.28	0.72	0.82	1.04	1.14
	2016	5.81	14.73	8.01	1.69	3.59
	2017	2.18	0.95	1.11	0.42	1.35
	2018	0.82	0.81	0.74	0.66	0.69
	2019	– 2.02	– 1.02	– 0.52	– 1.98	0.10
	2020	1.53	1.28	1.40	0.95	1.08
PM$_{10}$	2015	1.24	1.10	1.28	1.27	1.82
	2016	0.35	1.81	0.85	0.98	0.51
	2017	0.96	0.67	0.58	0.30	0.08
	2018	0.78	0.60	0.83	0.41	0.76
	2019	– 1.66	– 1.11	0.20	– 1.64	– 2.34
	2020	1.10	0.74	0.83	0.61	0.81
NO$_2$	2015	0.45	0.16	0.03	– 0.58	0.33
	2016	– 0.11	0.64	– 0.21	0.89	0.41
	2017	– 0.92	– 1.44	0.22	– 0.12	– 0.37
	2018	1.12	0.74	0.87	1.10	0.67
	2019	2.67	5.31	1.25	2.51	– 1.10
	2020	2.88	0.82	1.19	2.03	0.29
SO$_2$	2015	0.96	0.87	0.84	0.20	0.95
	2016	0.88	0.88	0.22	0.36	0.73
	2017	0.89	1.09	0.57	0.58	0.04
	2018	0.93	0.80	0.68	0.94	0.86
	2019	8.80	7.69	12.71	9.27	– 3.90
	2020	0.68	0.27	0.82	1.63	0.47

指标	年份	北京	廊坊	唐山	沧州	承德
O₃	2015	0.00	0.14	−0.32	1.07	−0.87
	2016	−0.31	0.73	0.03	0.83	−0.02
	2017	0.13	0.69	0.49	0.45	−0.22
	2018	1.10	3.03	2.03	1.09	1.18
	2019	0.48	1.75	0.35	−0.24	0.06
	2020	0.33	0.56	−0.02	−0.25	−0.22
CO	2015	−0.12	−0.06	0.58	0.31	−0.18
	2016	−30.29	−10.47	18.83	4.99	−18.23
	2017	25.82	20.62	22.41	27.96	−5.96
	2018	0.87	0.61	0.76	1.02	0.41
	2019	2.70	6.32	3.70	−4.07	0.63
	2020	1.43	2.19	2.14	1.67	−0.24

从 NO_2 的城际协同情况看,天津市 NO_2 年均浓度值下降的四个年份中,2015 年除沧州表现为消极负协同外,其余四城市均为弱协同改善;2018 年和 2020 年五个城市均属于强协同改善、协同改善或弱协同改善三种状态;2019 年除承德表现为消极负协同外,其余四城市均为强协同改善。NO_2 年均浓度值正增长的两个年份中,2016 年北京和唐山表现为积极负协同,廊坊和承德表现为弱协同恶化,沧州表现为协同恶化;2017 年除唐山表现为弱协同恶化外,其余四城市均为积极负协同。

从 SO_2 的城际协同情况看,2019 年较为特殊,北京、廊坊、唐山和沧州四个城市均为强协同改善,沧州属于消极负协同;其余五个年份五个城市中,仅 2020 年沧州表现为强协同改善,其余均属于协同改善或弱协同改善。

从 O_3 的城际协同情况看,2015 年、2018 年和 2020 年天津市 O_3 年均浓度同比负增长,2015 年沧州表现为协同改善,廊坊为弱协同改善,唐山和承德为消极负协同;2018 年五个城市全部为强协同改善或协同改善;2020 年北京和廊坊为弱协同改善,其余三城市则为消极负协同。2016 年、2017 年和 2019 年天津市 O_3 年均浓度同比正增长,2016 年北京和承德为积极负协同,廊坊和唐山为弱协同恶化,沧州为协同恶化;2017 年除承德仍为协同恶化外,其余四城市均为积极负协同;2019 年北京、唐山和承德为弱协同恶化,廊坊为强协同恶化,沧州则为积极负协同。

从 CO 的城际协同情况看,2015 年唐山和沧州表现为弱协同改善,其余三城市为消极负协同;2017 年除承德为消极负协同外,其余均为强协同改善;2018 年五个城市均为协同改善或弱协同改善;2019 年和 2020 年,除承德有两年均为弱协同改善以及 2019 年沧州为消极负协同外,其余均为强协同改善。2016 年天津市 CO 年均浓度值同比正增长,当年北京、廊坊和承德三城市均表现为积极负协同,保定和唐山则为强协同恶化。

总体来看,图 5 - 12 显示,弱协同改善出现的频次最高,共出现 45 次,占 25.00%;其次是协同改善,出现 44 次,占 24.44%;最后是强协同改善,出现 37 次,占 20.56%。这三种类型都属于比较理想的协同状态,合计出现 126 次,占 70.0%。天津市周边五城市与天津市在大气污染物治理方面整体上也表现出较为理想的协同性。

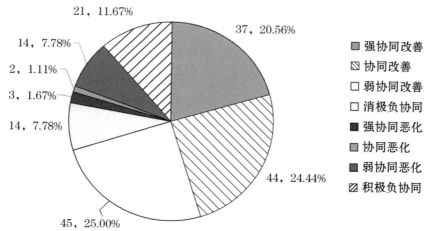

图 5 - 12　2015—2020 年五城市六项指标与天津市城际协同状态出现频次

注:2015—2020 年五城市六项指标数值总计共 180 个数值。

（三）石家庄周边五城市与石家庄市的协同治理效果

1. 石家庄市六项指标变化情况

表 5－15 显示,2015—2020 年,石家庄市除 SO_2 的年均浓度值均连续六年下降外,其余五项指标均出现个别年份正增长的情况,尤其是 2016 年和 O_3 值得特别关注。2016 年 $PM_{2.5}$、PM_{10}、NO_2、O_3 和 CO 的年均浓度均出现正增长,且 O_3 之外的四项指标增幅均在 10% 以上;O_3 指标的年均浓度值除在 2016 年正增长外,在 2017 年和 2019 年还出现两次正增长,与天津市该项指标的变动情况类似。

表 5－15　2015—2020 年石家庄市六项指标浓度的同比变化率　　单位:%

年份	$PM_{2.5}$	PM_{10}	NO_2	SO_2	O_3	CO
2015	－25.63	－28.48	－1.82	－26.88	－5.58	－5.15
2016	11.74	10.49	16.22	－16.07	7.07	14.23
2017	－14.58	－7.91	－5.67	－18.53	22.07	－7.19
2018	－19.84	－19.18	－16.02	－37.75	－1.37	－24.73
2019	－6.19	－5.62	1.65	－20.88	4.66	－6.69
2020	－8.84	－15.48	－11.19	－24.87	－6.18	－9.39

2. 周边城市与石家庄市六项指标城际协同指数结果分析

与石家庄市直接接壤的城市有保定、衡水和邢台三市,考虑到沧州和邯郸同样位于京津冀城市群的中南部区域,且距离石家庄较近,因此同时将这五个城市作为与石家庄市的比照对象,表 5－16 给出了计算得出的这五个城市与石家庄市六项指标的城际协同指数值。

表 5 - 16　石家庄周边五城市与石家庄市七项指标的城际协同指数值

指标	年份	保定	沧州	邯郸	邢台	衡水
$PM_{2.5}$	2015	0.45	0.80	0.75	0.75	0.27
	2016	− 1.14	− 0.22	− 0.95	− 1.14	− 0.99
	2017	0.63	0.29	− 0.36	0.60	0.87
	2018	1.19	0.71	1.19	0.89	1.15
	2019	1.33	1.75	− 0.10	− 0.06	0.66
	2020	1.61	0.68	1.53	2.13	0.94
PM_{10}	2015	0.59	0.49	0.38	0.83	0.30
	2016	− 1.54	− 0.98	− 0.95	− 1.52	− 1.72
	2017	1.07	0.50	− 0.20	− 0.18	0.81
	2018	0.99	0.37	0.98	0.84	1.48
	2019	1.09	1.33	0.43	1.62	− 0.26
	2020	0.98	0.56	1.20	1.07	0.91
NO_2	2015	2.52	− 7.58	3.56	1.06	− 0.53
	2016	0.46	0.89	1.00	0.17	0.19
	2017	2.22	0.09	0.97	1.42	1.77
	2018	0.93	0.99	1.49	1.17	1.47
	2019	− 3.77	− 2.94	− 1.81	− 0.44	4.73
	2020	0.82	1.29	0.75	1.65	0.63
SO_2	2015	0.53	0.29	0.68	0.73	0.50
	2016	1.81	0.61	0.50	0.83	1.13
	2017	1.35	0.72	0.67	1.43	1.94
	2018	0.86	0.78	1.19	1.01	0.78
	2019	1.33	0.99	1.23	0.89	0.30
	2020	0.89	1.46	0.29	1.02	0.05

续表

指标	年份	保定	沧州	邯郸	邢台	衡水
O_3	2015	− 0. 31	1. 39	0. 77	1. 35	0. 52
	2016	− 1. 05	1. 27	1. 80	0. 98	0. 03
	2017	1. 07	0. 46	0. 75	1. 38	− 0. 06
	2018	4. 44	3. 56	− 1. 44	3. 27	1. 08
	2019	0. 25	− 0. 33	1. 15	0. 72	0. 76
	2020	1. 43	− 0. 22	0. 99	0. 44	0. 04
CO	2015	2. 42	1. 10	0. 53	− 0. 76	− 3. 70
	2016	− 1. 08	0. 13	0. 92	− 0. 20	− 0. 89
	2017	2. 42	1. 96	0. 94	0. 18	2. 24
	2018	1. 10	1. 13	1. 26	1. 04	0. 96
	2019	1. 43	− 1. 95	0. 72	0. 65	0. 32
	2020	1. 48	1. 25	1. 16	1. 08	1. 16

从 $PM_{2.5}$ 的城际协同情况看,石家庄市 $PM_{2.5}$ 年均浓度值下降的五个年份中,2017 年时的邯郸以及 2019 年时的邯郸和邢台出现了消极负协同,其余各年份各城市均表现为强协同改善、协同改善或弱协同改善;2016 年石家庄市 $PM_{2.5}$ 年均浓度值同比正增长,保定、衡水、沧州、邢台和邯郸五城市的城市协同指数值均为负值,即为积极负协同。PM_{10} 的城际协同情况与 $PM_{2.5}$ 的城际协同情况基本上一致,不再赘述。

从 NO_2 的城际协同情况看,石家庄市 NO_2 年均浓度值下降的四个年份中,2015 年保定和邯郸市表现为强协同改善,邢台市表现为协同改善,衡水和沧州表现为消极负协同;2017 年、2018 年和 2020 年,五个城市均属于强协同改善、协同改善或弱协同改善三种状态。NO_2 年均浓度值出现正增长的两个年份中,2016 年五个城市均属于协同恶化或弱协同恶化;2019 年除衡水市表现为强协同恶化外,其余四个城市均为积极负协同。

从 SO_2 的城际协同情况看,各个年份各个城市均属于强协同改善、协同改善或弱协同改善三种状态。

从 O_3 的城际协同情况看,2015 年、2018 年和 2020 年石家庄市 O_3 年均浓度同比负增长,2015 年沧州和邢台表现为强协同改善,邯郸和衡水为弱协同改善,保定为消极负协同;2018 年保定、沧州和邢台为强协同改善,衡水为协同改善,邯郸为消极负协同;2020 年保定为强协同改善,邯郸为协同改善,邢台和衡水为弱协同改善,沧州为消极负协同。2016 年、2017 年和 2019 年石家庄市 O_3 年均浓度同比正增长,2016 年沧州和邯郸为强协同恶化,邢台为协同恶化,衡水为弱协同恶化,保定为积极负协同;2017 年邢台为强协同恶化,保定为协同恶化,沧州和邯郸为弱协同恶化,衡水为积极负协同;2019 年邯郸为协同恶化,沧州为积极负协同,其余三城市均为弱协同恶化。

从 CO 的城际协同情况看,2015 年保定为强协同改善,沧州为协同改善,邯郸为弱协同改善,邢台和衡水为消极负协同;2017—2020 年,除沧州 2019 年出现一次消极负协同外,其余各年份各城市均为强协同改善、协同改善或弱协同改善。2016 年石家庄市 CO 年均浓度值同比正增长,当年保定、邢台和衡水三城市均表现为积极负协同,邯郸和沧州分别为协同恶化和弱协同恶化。

总体来看,图 5 - 13 显示,弱协同改善出现的频次最高,共出现 44 次,占 24.44%;其次是协同改善,出现 43 次,占 23.89%;最后是强协同改善,出现 39 次,占 21.67%。这三种类型都属于比较理想的协同状态,合计出现 126 次,占 70.0%。石家庄市周边五城市与石家庄市在大气污染物治理方面整体上也表现出较为理想的协同性。

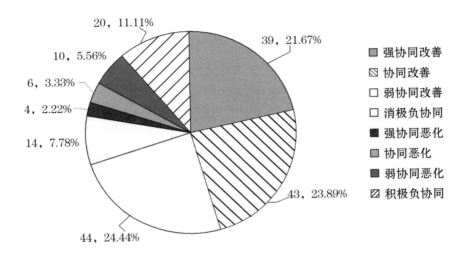

图 5-13　2015—2020 年五城市六项指标与石家庄市城际协同状态出现频次

注:2015—2020 年五城市六项指标数值总计共 180 个数值。

(四)唐山周边四城市与唐山市的协同情治理效果

1. 唐山市六项指标变化情况

表 5-17 显示,2015—2020 年,唐山市 $PM_{2.5}$ 和 SO_2 两项指标的年均浓度值均连续六年下降,其余四项指标均出现个别年份正增长的情况,尤其是 O_3 的年均浓度值除 2018 年外其余五年均正增长,较天津市和石家庄市更为不理想。

表 5-17　2015—2020 年唐山市六项指标浓度的同比变化率　　单位:%

年份	$PM_{2.5}$	PM_{10}	NO_2	SO_2	O_3	CO
2015	-16.17	-14.21	-0.82	-33.71	2.34	-10.58
2016	-12.46	-8.90	-3.46	-5.99	0.35	6.77
2017	-10.96	-7.69	1.00	-13.11	11.05	-11.29
2018	-15.86	-14.40	-12.48	-21.17	-9.08	-20.90
2019	-2.87	0.91	-2.43	-28.46	2.26	-11.89
2020	-8.85	-11.93	-8.47	-18.22	0.08	-14.97

2. 周边城市与唐山市六项指标城际协同指数结果分析

与唐山市直接接壤的城市有天津、承德和秦皇岛三市，再将距离较近的廊坊市考虑在内，将这四个城市作为与唐山市的比照对象，表5-18给出了计算得出的这四个城市与唐山市六项指标的城际协同指数值。

从 $PM_{2.5}$ 的城际协同情况看，2015—2020年，除2017年承德为消极负协同以及2019年天津、秦皇岛和承德三城市均表现为消极负协同之外，其余各个年份各个城市均表现为强协同改善、协同改善或弱协同改善。

表5-18　唐山市周边四城市与唐山市六项指标的城际协同指数值

指标	年份	天津	廊坊	秦皇岛	承德
$PM_{2.5}$	2015	1.21	0.87	1.28	1.19
	2016	0.12	1.84	0.17	0.90
	2017	0.90	0.85	0.48	-0.48
	2018	1.35	1.10	1.00	1.48
	2019	-1.92	1.96	-3.63	-0.22
	2020	0.72	0.92	1.64	1.53
PM_{10}	2015	0.78	0.86	1.09	1.42
	2016	1.18	2.14	1.18	0.60
	2017	1.73	1.17	0.84	0.14
	2018	1.20	0.72	0.70	0.91
	2019	5.01	-5.56	0.75	-11.70
	2020	1.21	0.89	1.18	0.97

续表

指标	年份	天津	廊坊	秦皇岛	承德
NO$_2$	2015	29.17	4.80	9.68	9.58
	2016	−4.66	−3.00	−1.28	−1.89
	2017	4.49	−6.46	3.34	−1.65
	2018	1.16	0.86	1.23	0.77
	2019	0.80	4.23	−0.25	−0.88
	2020	0.84	0.69	2.15	0.25
SO$_2$	2015	1.19	1.03	0.81	1.12
	2016	4.48	3.94	4.55	3.26
	2017	1.75	1.90	0.51	0.07
	2018	1.48	1.19	1.25	1.27
	2019	0.08	0.60	−0.02	−0.31
	2020	1.22	0.33	1.23	0.58
O$_3$	2015	−3.09	−0.44	−2.52	2.68
	2016	30.77	22.47	85.93	−0.70
	2017	2.03	1.41	1.70	−0.45
	2018	0.49	1.49	1.28	0.58
	2019	2.85	4.97	3.98	0.16
	2020	−63.75	−35.55	14.17	13.91
CO	2015	1.72	−0.10	−0.22	−0.31
	2016	0.05	−0.56	−1.73	−0.97
	2017	0.04	0.92	−0.38	−0.27
	2018	1.31	0.80	1.23	0.53
	2019	0.27	1.71	−0.61	0.17
	2020	0.47	1.02	1.51	−0.11

从 PM$_{10}$ 的城际协同情况看,唐山市 PM$_{10}$ 年均浓度值下降的五个年份中,各个

城市均表现为强协同改善、协同改善或弱协同改善；PM_{10} 年均浓度值出现正增长的 2019 年，天津市为强协同恶化，秦皇岛市为弱协同恶化，承德和廊坊为积极负协同。

从 NO_2 的城际协同情况看，唐山市 NO_2 年均浓度值下降的五个年份中，2015 年四个城市均为强协同改善，2016 年则均为消极负协同，表现出较强的不稳定性；2018—2020 年，除 2019 年承德为消极负协同外，其余各个年份各个城市均表现为强协同改善、协同改善或弱协同改善。NO_2 年均浓度值出现正增长的 2017 年，天津和秦皇岛为强协同恶化，廊坊和承德则为积极负协同。

从 SO_2 的城际协同情况看，除 2019 年秦皇岛和承德出现消极负协同外，其余各个年份各个城市均属于强协同改善、协同改善或弱协同改善三种状态。

从 O_3 的城际协同情况看，2018 年唐山市 O_3 年均浓度同比负增长，当年四个城市均为强协同改善或弱协同改善状态。唐山市 O_3 年均浓度值出现正增长的五个年份中，2015 年承德市表现为强协同恶化，其余三个城市均为积极负协同；2016 年和 2017 年的情况恰恰与 2015 年的情况相反，承德市表现为积极负协同，其余 3 个城市表现为强协同恶化；2019 年承德表现为弱协同恶化，其余三个城市均表现为强协同恶化；2020 年天津和廊坊表现及积极负协同，承德和秦皇岛则为强协同恶化。

从 CO 的城际协同情况看，2015 年天津市为强协同改善，其余三城市为消极负协同；2017 年廊坊为协同改善，天津为弱协同改善，秦皇岛和承德为消极负协同；2018—2020 年，除秦皇岛 2019 年以及承德 2020 年各出现一次消极负协同外，其余各年份各城市均为强协同改善、协同改善或弱协同改善。2016 年唐山市 CO 年均浓度值同比正增长，当年天津表现为弱协同恶化，其余三城市均表现为积极负协同。

　　总体来看,图 5 – 14 显示,强协同改善出现的频次最高,共出现 38 次,占
26.39%;其次是协同改善,出现 30 次,占 20.83%;再次是弱协同改善,出现 25
次,占 17.36%。这三种类型都属于比较理想的协同状态,合计出现 93 次,占
64.58%。唐山周边 4 城市与唐山市在大气污染物治理方面整体上也具有较为
理想的协同性。

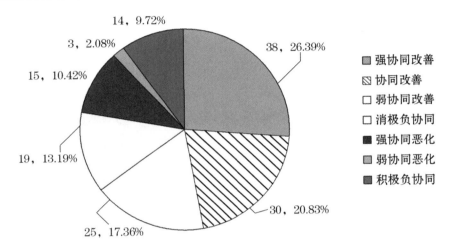

图 5 – 14　2015—2020 年四城市六项指标与唐山市城际协同状态出现频次

注:2015—2020 年四城市六项指标数值总计共 144 个数值。

第五节　结论与政策含义

　　从二氧化碳与主要大力气污染物的协同治理情况看,本文得到以下主要结
论:①2014—2017 年,北京、天津、张家口、石家庄、邯郸、承德、唐山、秦皇岛八个
城市实现了 CO_2 和工业 SO_2 以及 CO_2 和 $PM_{2.5}$ 的协同减排;②北京、天津、张家

口、唐山和秦皇岛五个城市实现了 CO_2 与 NO_2 浓度的协同减排；③所有城市均未实现 CO_2 与 O_3 浓度的协同及安排。综合而言，京津冀区域温室气体减排与大气污染物防治已经表现出协同治理效果，但协同程度因城市、因大气污染物的具体类别有较明显的差异。这些结论意味着，京津冀城市群在统筹温室气体减排与大气污染物防治方面已经取得了一定的协同治理成效，统筹推进大气污染防治和二氧化碳减排既具有可行性，也具有必要性。下一步，需要加大统筹力度，进一步提升协同治理成效；尤其是保定、廊坊、沧州、衡水和邢台五个城市，需要在继续深入打大气污染防治攻坚战的过程中，探索同步降低二氧化碳排放的协同机制及工作路径。

从城际协同情况看，分别以北京、天津、石家庄、唐山为参照城市计算了周边城市六项指标的城际协同指数，结果均以强协同改善、协同改善和弱协同改善三种较为理想的协同状态为主，但城际协同因参照城市、年份和污染物不同表现出来较明显的差异性，这也表明京津冀大气污染物跨地域协同的绩效尚不完全稳定，需要进一步探讨建立并不断完善促进协同改善的长效机制，尤其是需要加强对 O_3 控制和协同治理的研究，弥补这方面的短板。

第六章　天津市绿色发展及环境
治理实践与思考

　　天津是我国传统的工业基地之一,也是高新技术产业发展的重要集聚区域,其经济发展及产业转型升级都具有一定的代表性。本章将天津市作为观察分析样本,分析天津市绿色发展面临的新形势、问题和挑战,对天津市能源消费与经济增长的脱钩关系进行定量研究,并围绕促进天津市绿色发展提出政策建议。

第一节　天津市绿色发展及环境治理体系建设现状

　　在国家"五位一体"总体布局战略指引下,天津市牢固树立"绿水青山就是金山银山"的理念,大力推进生态文明建设,绿色发展方式已经初步形成,经济结构和经济增长动力逐渐"绿色化",支撑绿色发展的制度体系也逐渐建立并不断完善,天津经济正加快向以生态优先、绿色发展为导向的高质量发展迈进。

一、绿色发展方式初步形成

　　面对日趋强化的资源环境约束,天津市以节能减排为抓手,推动经济发展方式从"高能耗、高污染、低产出"的粗放型模式转向"低能耗、低污染、高产出"的集约型模式。

1. 能源消耗强度持续下降

天津市严格开展能源消费总量和强度"双控"工作。2017 年 3 月 9 日,天津市人民政府办公厅印发《天津市"十三五"控制温室气体排放工作实施方案》,该方案明确天津市"十三五"时期的"双控"目标为:到 2020 年,全市能源消费总量不超过 9300 万吨标准煤,单位地区生产总值能源消费比 2015 年下降 17%。到 2019 年,天津市能源消耗总量与 2015 年基本持平,万元地区生产总值(GDP)能耗比 2015 年下降 16.6%,超额完成"十三五"进度目标。① 2020 年和 2021 年,天津市能源消费总量控制目标分别为 8600 万吨标准煤以内和 8300 万吨标准煤以内,单位地区生产总值能耗分别同比下降 1% 和 3.7% 左右,《天津市国民经济和社会发展第十四个五年规划和二〇三五年远景目标纲要》明确提出,"十四五"时期天津市单位地区生产总值能源消耗约束性目标为五年累计下降 15%。毫无疑问,伴随着经济转向高质量发展,天津市能源消耗强度将延续持续下降的基本态势。

2. 环境质量持续明显改善

天津市加大污染源头防控力度,减排工作取得了突出成效,水环境及空气质量都明显改善。根据天津市生态环境局 2021 年 6 月发布的《2020 年天津市生态环境状况公报》,2020 年全市优良水体(Ⅰ-Ⅲ类)比例达到 55%,同比增加 5 个百分点,与 2014 年相比累计增加 30 个百分点;劣Ⅴ类比例下降至 0%,而在 2016 年该比例还高达 55%。与 2014 年相比,2020 年全市地表水主要污染物高锰酸盐指数、化学需氧量、氨氮和总磷年均浓度分别下降 40.2%、51.7%、87.3% 和 72.2%,12 条入海河流主要污染物高锰酸盐指数、化学需氧量、氨氮和总磷年均浓度分别下降 43.5%、52.5%、89.7% 和 40.8%。

从空气质量状况看(见表 6-1),自 2013 年开始实施新的《环境空气质量标

---

① 邵华:《我市能源消耗总量和强度"双控"工作获得国家通报表扬》,《天津日报》2020 年 5 月 27 日。

准》(GB3095 – 2012)到 2020 年,天津市可吸入颗粒物的浓度从 150 微克/立方米持续下降至 68 微克/立方米,细颗粒物的浓度从 96 微克/立方米持续下降至 48 微克/立方米,二氧化硫的浓度从 59 微克/立方米持续下降至 8 微克/立方米,二氧化氮的浓度从 54 微克/立方米在波动中下降到 39 微克/立方米,一氧化碳的浓度从 3.7 毫克/立方米在波动中下降到 1.7 毫克/立方米。与 2013 年相比,2020年空气中可吸入颗粒物、细颗粒物、二氧化硫、二氧化氮和一氧化氮的浓度分别下降 54.67%、50.0%、86.44%、27.78% 和 54.05%;与"十二五"末相比,2020 年空气中可吸入颗粒物、细颗粒物、二氧化硫、二氧化氮和一氧化氮的浓度分别下降 41.38%、31.43%、72.41%、7.14% 和 45.16%。

表 6 – 1　2013—2020 年天津市空气质量状况　　单位:微克/立方米

项目	2013	2014	2015	2016	2017	2018	2019	2020
可吸入颗粒物	150	133	116	103	94	82	76	68
细颗粒物	96	83	70	69	62	52	51	48
二氧化硫	59	49	29	21	16	12	11	8
二氧化氮	54	54	42	48	50	47	42	39
一氧化碳	3.7	2.9	3.1	2.7	2.8	1.9	1.8	1.7

注:因《环境空气质量标准》(GB3095 – 2012)自 2013 年开始实行,表中给出的空气质量状况数据自 2013 年开始。

数据来源:《2018 年天津市生态环境状况报告》及《2020 年天津市生态环境状况报告》。

从污染物排放情况看,天津产业绿色转型的一个直接效果是实现了工业污染物排放与 GDP 增长的脱钩。2020 年,可吸入颗粒物、细颗粒物、二氧化硫、二氧化氮和一氧化氮的国家年平均排放浓度标准分别为 70 微克/立方米、35 微克/立方米、60 微克/立方米、40 微克/立方米和 4.0 毫克/立方米,对比可知,上述主要指标中,天津市除细颗粒物的年均浓度高于国家标准外,其余几项指标年均浓度均低于国家年平均排放浓度标准,二氧化硫的年均浓度仅为国家年平均排放浓度标准的 13.3% ,可吸入颗粒物和二氧化氮的年均浓度为近年来首度低于国家年平均排放浓度标准,表明天津市空气环境质量的显著改善。

3. 绿色发展动力日益强劲

科技创新是推进绿色发展的关键要素,企业是科技创新的主体。2019 年天津市全面深入实施创新驱动发展战略,实施"三大重点领域"支撑引领行动、科技创新设施载体平台升级行动、科技区域协同创新行动、创新型企业领军行动、改革攻坚行动、科技成果转移转化"五新工程"行动、激发创新人才活力行动、科技为民行动八大行动计划,研发创新环境持续改善,企业研发创新能力得到进一步提升,以创新驱动经济绿色发展的能力也日益强劲。

从绿色发展的市场主体看,天津市跻身国家级高新技术企业的数量快速增长。2020 年 10 月 28 日,全国高新技术企业认定管理工作领导小组办公室发布公告,将天津市 2020 年第一批 1196 家企业拟认定为高新技术企业;2020 年 12 月 1 日,该办公室再度发布公告,将天津市 2020 年第二批 1793 家企业拟认定为高新技术企业,全年共认定国家级高新技术企业 2989 家。到 2020 年底,天津市拥有的国家高新技术企业、国家科技型中小企业分别超过 7400 家和 8100 家,每万人口发明专利拥有量 24.03 件,全社会研发投入强度、综合科技创新水平指数居全国前列。① 从部分电子产品和主要新产品产量的成长看,2020 年电子计算机增长 93.3% ,电子元件增长 35.4% ,集成电路增长 28.5% ,新能源汽车产量增长 70.3% , 服务机器人增长 1.6 倍。②

二、绿色经济结构加快构建

近年来,通过服务业的加快发展以及绿色制造体系的加快建设,天津市绿色经济结构正在加快构建。

---

① 《天津市 2021 年政府工作报告》,《天津日报》2021 年 2 月 1 日。
② 天津市统计局、国家统计局天津调查总队:《2020 年天津市国民经济和社会发展统计公报》,天津市人民政府网站,2021 年 3 月 15 日。

1. 以服务业为主导的经济结构牢固确立

从三次产业结构看,能源消耗低的第三产业所占比重稳步提升,①在全市整体经济中已经牢牢占据主导地位。统计数据显示,2010 年天津市第三产业增加值所占比重开始超过第二产业所占比重并突破 50%,2020 年天津市第三产业增加值实现 9069.47 亿元,在地区生产总值中所占比重达到 64.4%。② 服务业引领和主导经济增长的态势日益明朗。天津市经济增长主要由技术进步驱动和消费需求拉动,由此也不断强化推动全市经济绿色发展的内生动力。

2. 绿色工厂与绿色制造体系加快建设

全面推行绿色制造是《中国制造 2025》提出的九大战略任务之一。为促进绿色制造发展,工业和信息化部(工信部)于 2016 年 6 月 30 日印发《工业绿色发展规划(2016—2020 年)》,规划到 2020 年"绿色制造标准体系基本建立,绿色设计与评价得到广泛应用,建立百家绿色示范园区和千家绿色示范工厂,推广普及万种绿色产品,主要产业初步形成绿色供应链"。2017 年 2 月,工信部启动了以绿色工厂、绿色设计产品、绿色园区和绿色供应链管理示范建设为主要内容的具体工作。截至 2020 年 10 月,工信部共确立了五批绿色制造示范名单,绿色工厂累计 2121 家,绿色设计产品累计 2170 种,绿色园区累计 171 家,绿色供应链管理示范企业累计 189 家(其中第五批绿色工厂 719 家,绿色设计产品 1073 种,绿色园区 53 家,绿色供应链管理示范企业 99 家)。

在国家促进绿色制造发展政策指引下,"十三五"时期天津市提出创建 100家市级绿色工厂和 5 家市级绿色园区,加快构建绿色制造体系。在 2020 年 10 月工信部办公厅发布的第五批绿色制造名单中,天津市 28 家绿色工厂、11 家绿色供应链管理示范企业、1 家绿色园区、19 种型号绿色产品入选,表 6 - 2 给出了天津市每个批次的入选情况。截至 2020 年 11 月,天津全市已有绿色工厂 146 家

---

① 2017 年,天津市第二产业万元增加值能耗为 0.691 吨,第三产业万元增加值能耗为 0.126 吨,后者为前者的 18.18%。

② 天津市统计局、国家统计局天津调查总队编:《天津统计年鉴 2021》,中国统计出版社,2021。

(含国家级 58 家,涵盖生物医药、电子信息、食品、汽车、机械、钢铁、化工等多个制造业行业),国家级绿色供应链管理示范企业 14 家,绿色园区 4 家(含国家级 3 家),国家级绿色数据中心试点单位 4 家。①

表 6 - 2　天津市企业入选国家级绿色单位情况

批次	绿色园区（家）	绿色工厂（家）	绿色设计产品（种）	绿色供应链（家）
第一批(2017 年 8 月)	1	1	0	0
第二批(2018 年 2 月)	0	4	0	0
第三批(2018 年 11 月)	1	9	0	0
第四批(2019 年 9 月)	0	16	1(14 种型号)	3
第五批(2020 年 10 月)	1	28	5(19 种型号)	11
合计	3	58	6(33 种型号)	14

资料来源:根据工业和信息化部网站发布信息整理。

与此同时,天津市通过集中治理"散乱污",强力淘汰与绿色制造发展趋势相悖的落后产能。2017 年启动"散乱污"企业整治工作,强力淘汰高污染、高耗能的落后产能。从 2017 年 4 月至 2018 年底,天津市共组织十多轮排查和 2 轮"回头看"工作,2017 年全市共排查出"散乱污"企业 2.19 万家,2018 年排查出 201 家;截至 2018 年底,天津市整治"散乱污"企业共关停取缔 12864 家,搬迁 2930 家,原地改造提升 6000 多家。②

三、支撑绿色发展的环境治理体系日趋完善

在贯彻落实中央政策的同时(如 2018 年 1 月 1 日开征环境保护税),天津市还按照中央指示精神的要求,结合地方特色,逐渐探索完善支撑绿色发展的政策

---

① 天津市工信局:《我市绿色制造体系建设工作喜获"大丰收"》,天津市政府网站,2020 年 11 月 13 日。

② 刘元旭、邵香云、黄江林:《天津"散乱污"变身记》,新华网,2019 年 2 月 16 日。

体系,包括法规标准制定、规划、计划、行政许可、督察制度、财政(投资、奖励、补贴、补偿)制度、金融制度、奖惩制度等,还与河北省共建引滦入津上下游横向生态补偿机制,主要内容如表6-3所示。

表6-3　天津市政策绿色发展的政策体系

政策类别	具体方向	主要内容
法律法规	地方法规、地方性标准	先后制定、修订大气污染防治、水污染防治、生态环境保护条例,发布实施污水处理厂、火电、锅炉等地方标准;编制11个行业绿色工厂评价地方标准;制定《天津市机动车和非道路移动机械排气污染防治条例(草案)》
规划、计划	生态保护规划、工作计划	制定《天津市双城中间绿色生态屏障区规划(2018—2035年)》,深入落实湿地自然保护区"1+4"规划,成立推动"763""875"项目建设和争取政策支持资金专班,谋划2019年项目119个,总投资337亿元;印发实施《年度打好污染防治攻坚战工作计划》
行政许可	排污许可制	市生态环境局制定了《排污许可制全面支撑打好污染防治攻坚战实施方案(2019—2020年)》
督察制度	市级生态环保督察制度	2018年首次开展,严格执行"四级联签"制度,适时进行"回头看"

续表

政策类别	具体方向	主要内容
财政制度	环保专项资金	中央和市区级共投入 190 亿元,带动社会投资 170 亿元,共同治理大气、水、土壤
	财政奖励	对列入市级绿色工厂名单的企业,市节能专项资金一次性给予 30 万元的资金奖励;对列入国家绿色工厂示范名单的企业,市节能专项资金给予不超过 60 万元的资金奖励
	财政补贴	补贴淘汰老旧车辆,推广新能源汽车,购置新能源公交车
	生态补偿机制	与河北省签订了《关于引滦入津上下游横向生态补偿协议》,第一轮补偿已经执行完毕,2019 年 12 月签署第二轮补偿协议
金融制度	碳金融市场	率先建立碳排放权交易试点体系,碳市场现货配额累计成交量逾 800 万吨
	绿色债券	发行全国首笔绿色短期融资券,发行全市首支生态保护专项债券
其他创新制度	生态环境保护奖惩制度	实行环境质量排名"靠后区"奖补"排前区",每月公布排名情况
	环境保护企业"领跑者"制度	鼓励绿色投资基金优先为生态环境"领跑者"企业提供金融支持

资料来源:根据公开材料整理。

以生态保护规划为例,除了制定和实施《天津市"十三五"生态环境保护规划》外,天津市还对中心城区与滨海新区之间 700 余平方公里的区域进行规划管控,谋划建设双城中间绿色生态屏障区。2019 年 10 月,天津市政府正式批复《天津市双城中间绿色生态屏障区规划(2018—2035 年)》,绿色生态屏障区规划面积 736 平方公里,涉及滨海新区、东丽区、津南区、西青区、宁河区五个行政区和海河教育园区,绿色屏障将南北连接起来,形成环首都屏障带,为构建完整的区域生态空间布局、促进京津冀区域生态环境体系建设提供了强力支撑。该项规划同步配套了水系、路网、生态环境保护、旅游产业、工业园区治理等五个专项规划和六个区级层面的建设规划,初步形成了比较完善的规划体系。

天津市在抓政策体系建设的同时,也高度重视政策的实施,注重强化执行力。一是制定污染防治攻坚战计划,明确年度重点攻坚任务。2020 年 2 月 27 日,天津印发实施《2020 年度打好污染防治攻坚战工作计划》,明确了 2020 年打赢蓝天保卫战、碧水保卫战、净土保卫战和渤海综合整治攻坚战的核心目标和重点任务。其中,打赢蓝天保卫战的核心目标是:全市 $PM_{2.5}$ 年均浓度控制在 48 微克/立方米左右,优良天数比例达到 71%。碧水保卫战的核心目标是:城市集中式水源地水质全部达标,地表水水质优良比例达到 50% 以上,劣 V 类比例达到 5% 以下,基本消除黑臭水体,12 条入海河流稳定消除劣 V 类。净土保卫战的核心目标是:受污染耕地安全利用率不低于 91%,污染地块安全利用率不低于 92%,重点行业重金属排放量较 2013 年减少 8%,规划保留村生活污水处理设施覆盖率、生活垃圾收集处理率均达到 100%,基本消除农村黑臭水体。渤海综合治理攻坚战聚焦改善近岸海域生态环境质量这一核心目标。二是加大执法和处罚力度,仅 2020 年 9 月全市生态环境系统就出动执法人员 7438 人次,检查企业 3103 家次,立案 511 件,下达责令改正决定 417 件、行政处罚决定 343 件,共处罚款 3042 万元。① 此外,天津市还持续完善生态环境保护工作考核问责机制,制定约谈工作实施细则,通过实施各区空气质量经济奖惩、区域限批、公开约谈等问责措施及一系列治理工程的实施,为全市生态环境质量的改善提供了重要保障。

---

① 数据来自天津市生态环境局对 2020 年 9 月份环境执法情况的通报。

第二节 面临的问题及挑战

天津市在加快推进绿色发展方面不断取得实质性突破,同时我们也必须看到,当前的绿色发展还只是一个开头,距离经济高质量发展的目标以及人民所向往的美好生活仍有较大距离,在诸多方面仍面临突出问题和严峻挑战,需要在发展中予以科学解决。

一、节能减排仍面临较大压力

从能源消耗与经济增长的关系看,降低能耗总量与维持经济增长之间的矛盾仍比较突出。表 6-4 显示,2015—2019 年天津市能源消费总量及终端消费量都是先下降后回升,2018 年和 2019 年连续两年为正增长。根据国家统计局、国家发展和改革委、国家能源局 2020 年 8 月 11 日公布的 2019 年度省(区、市)万元 GDP 能耗指标情况,2019 年天津市能耗强度虽继续下降,但能耗总量增加 3.4%,这也表明天津经济尚未形成稳定强劲的节能增长模式。2020 年表明天津市的减排尤其是工业减排工作仍面临较大压力和现实挑战。

表 6-4 2015—2019 年天津市能源消耗消费情况　　单位:万吨标准煤

年份	消耗总量	终端消费量				
		总量	第一产业	第二产业	第三产业	生活消费
2015	8319.38	8137.29	105.43	5713.81	1304.36	1013.69
2016	8078.28	7875.03	110.18	5368.22	1336.63	1060.00
2017	7831.72	7687.75	116.68	5101.45	1366.86	1102.76
2018	7973.29	7917.81	107.81	5236.17	1355.01	1191.83
2019	8240.70	8261.29	107.00	5538.91	1413.37	1202.00

数据来源:《天津市统计年鉴 2020》。

二、生态环境质量区域差异较大且稳定性较弱

从纵向比较看,天津市生态环境质量总体上得到明显改善。依据《生态环境状况评价技术规范》(HJ 192 – 2015),市生态环境局从生物丰度、植被覆盖、水网密度、土地胁迫、污染负荷情况五个方面进行评估,得出生态环境质量指数(EI),2015 年、2016 年和 2017 年的全市 EI 值分别为 49.72、50.66 和 68.66,生态环境质量整体上从一般进入良好等级,取得了突破性改善。

但从各区的空气质量综合指数比较看(见表 6 – 5),彼此之间差异明显。以 2020 年度的空气质量状况为例,全市空气质量指数值为 5.06,16 个区中指数值最低的蓟州区为 4.32,最高的宁河区为 5.39,最高值是最低值的 1.25 倍;宁河区、静海区、津南区、东丽区、西青区、河西区、北辰区和滨海新区 8 个区的空气质量指数值高于全市总体水平,另外 8 个区的空气质量指数值低于全市总体水平。另外,同一个区生态环境指数值排名的变动也较大,意味着稳定性依然比较脆弱。就年度变化看,和平区 2017 年度在 16 个区中排第 1 名,2019 年度则排第 6 名;滨海新区 2017 年度排第 3 名,2020 年度则排第 9 名;宁河区 2017 年度排第 7 名,2019 年度和 2020 年度则连续 2 年排第 16 名;武清区 2017—2020 年度的排名分别为第 5 名、第 16 名、第 5 名和第 8 名。从季度变化看,南开区 2019 年第一季度在 16 个区中排第 9 名,到当年第三季度提升至第 2 名;宝坻区 2019 年前两个季度一直排第 2 名,到第三季度则与北辰区并排倒数第 2 名,第四季度则回升至第 3 名。

表 6 - 5　2017—2020 年度天津市各区空气质量综合指数

区名	2017	区名	2018	区名	2019	区名	2020
和平区	6.09	蓟州区	5.60	蓟州区	4.89	蓟州区	4.32
南开区	6.32	和平区	5.67	南开区	5.25	南开区	4.8
滨海新区	6.43	南开区	5.7	宝坻区	5.40	和平区	4.99
河东区	6.46	河东区	5.71	滨海新区	5.41	宝坻区	4.99
武清区	6.48	滨海新区	5.74	武清区	5.45	河东区	5.01
西青区	6.49	河西区	5.77	和平区	5.47	红桥区	5.02
宁河区	6.49	河北区	5.81	西青区	5.48	河北区	5.04
蓟州区	6.55	红桥区	5.89	静海区	5.50	武清区	5.05
东丽区	6.64	东丽区	5.91	河东区	5.51	滨海新区	5.07
河西区	6.66	西青区	5.93	河西区	5.58	北辰区	5.14
宝坻区	6.7	宁河区	5.96	河北区	5.6	河西区	5.17
红桥区	6.72	津南区	6.01	红桥区	5.61	西青区	5.17
河北区	6.73	静海区	6.02	东丽区	5.64	东丽区	5.23
静海区	6.76	宝坻区	6.02	津南区	5.69	津南区	5.25
津南区	6.76	北辰区	6.08	北辰区	5.69	静海区	5.37
北辰区	6.93	武清区	6.11	宁河区	5.69	宁河区	5.39
全市	6.53	全市	5.78	全市	5.48	全市	5.06

注:指数值越小,表明空气质量越好。

资料来源:天津市环境保护局。

三、高耗能工业结构尚未得到根本性扭转

工业是能源消耗的主要领域,2019 年天津市能源消耗总量为 8240.70 万吨标准煤,其中工业领域消耗 5304.75 万吨标准煤,占 64.37%。进一步从工业内部看,天津市工业领域对能源的消耗主要集中在石油和天然气开采业、开采辅助性活动、石油加工及炼焦和核燃料加工业、化学原料及化学制品制造业、非金属矿物制品业、汽车制造业、黑色金属冶炼和压延加工业以及电力热力的生产和供

应8个行业,表6-6和表6-7分别给出了2019年这8个行业主要能源的终端消费量及所占比重。从表6-6和表6-7可以看出,这8个行业消耗了工业领域全部的原油,接近全部的煤炭、焦炭和燃料油,绝大多数的柴油、天然气、热力以及电力,以及将近一半的汽油。

表6-6 2019年天津市高能耗工业行业能源终端消费量

行业	煤炭（万吨）	焦炭（万吨）	原油（万吨）	汽油（万吨）	柴油（万吨）	燃料油（万吨）	天然气（亿立方米）	热力（万百万千焦）	电力（亿千瓦时）
工业	535.9	899.2	9.63	6.67	28.28	15.31	30.46	9534.61	576.33
石油和天然气开采业	0	0	8.44	0.17	4.49	0	1.72	26.47	47.01
开采辅助性活动	0.50	0	0	0.55	16.48	0	0.57	37.99	3.27
石油加工、炼焦和核燃料加工业	0.05	0	1.19	0.01	0.17	0	4.85	1905.64	24.03
化学原料及化学制品制造业	170.57	0	0	0.21	0.27	0.10	3.79	4947.17	62.28
非金属矿物制品业	18.30	0.03	0	0.20	2.25	15.07	3.06	15.63	16.08
黑色金属冶炼和压延加工业	335.93	871.98	0	0.20	1.17	0	6.13	65.21	116.91
汽车制造业	0	0	0	1.34	0.23	0.01	1.24	258.36	31.06
电力热力的生产和供应	7.71	0	0	0.28	0.26	0	0	561.95	103.21
合计	533.06	872.01	9.63	2.96	25.32	15.18	21.36	7818.42	403.85

数据来源:根据《天津统计年鉴2020》相关数据整理计算得出。

表6-7　天津市高能耗工业行业终端能源消费量所占比重　　单位:%

行业	煤炭	焦炭	原油	汽油	柴油	燃料油	天然气	热力	电力
石油和天然气开采业	0.00	0.00	87.64	2.55	15.88	0.00	5.65	0.28	8.16
开采辅助性活动	0.09	0.00	0.00	8.25	58.27	0.00	1.87	0.40	0.57
石油加工、炼焦和核燃料加工业	0.01	0.00	12.36	0.15	0.60	0.00	15.92	219.99	4.17
化学原料及化学制品制造业	31.83	0.00	0.00	3.15	0.95	0.65	12.44	51.89	10.81
非金属矿物制品业	3.41	0.00	0.00	3.00	7.96	98.43	10.05	0.16	2.79
黑色金属冶炼和压延加工业	62.69	96.97	0.00	3.00	4.14	0.00	20.12	0.68	20.29
汽车制造业	0.00	0.00	0.00	20.09	0.81	0.07	4.07	2.71	5.39
电力热力的生产和供应	1.44	0.00	0.00	4.20	0.92	0.00	0.00	5.89	17.91
合计	99.47	96.98	100.00	44.38	89.53	99.15	70.12	82.00	70.07

数据来源:根据表6-6数据计算得出。

进一步从工业内部各行业增加值的结构看,根据2021年主要工业行业增加值比重数据(见表6-8),石油和天然气开采业、石油、煤炭及其他燃料加工业、化学原料和化学制品制造业、黑色金属冶炼和压延加工业、汽车制造业以及电力、热力生产和供应业6个主要行业增加值占工业增加值的50.8%,仍占据主要地位,仅石化行业就占30.5%,显示天津市工业结构偏重的问题尚未得到根本性改变。

表 6 - 8　2021 年主要工业行业增加值增速及所占比重　　单位:%

主要行业	增加值增速	增加值占工业增加值比重
石油和天然气开采业	3.7	20.2
农副食品加工业	9.8	1.7
石油、煤炭及其他燃料加工业	22.5	4.6
化学原料和化学制品制造业	7.4	5.7
医药制造业	18.9	5.6
橡胶和塑料制品业	9.4	1.9
黑色金属冶炼和压延加工业	−0.6	4.7
有色金属冶炼和压延加工业	−5.2	0.9
金属制品业	20.5	3.0
通用设备制造业	10.5	4.2
专用设备制造业	13.4	3.0
汽车制造业	−2.2	10.0
铁路、船舶、航空航天和其他运输设备制造业	14.1	1.9
电气机械和器材制造业	3.2	4.3
计算机、通信和其他电子设备制造业	13.1	7.4
电力、热力生产和供应业	5.3	5.6

数据来源:天津市统计局网站,天津统计月报 2021 年 12 月。

第三节　天津能源消耗与经济增长脱钩状态分析

做好能源消耗总量和强度"双控"工作，是践行习近平生态文明思想、落实绿色发展理念、推动经济高质量发展的重要途径。本节研究运用 Tapio 指数对天津能源消费与经济增长的脱钩关系进行研究，弄清天津市整体经济及工业经济与能源消耗的脱钩关系现状，为天津下一阶段完成能源消耗总量与强度"双控"目标提供研究支撑。

一、天津能源消耗基本情况

从表 6 - 9 可以看出，2006—2015 年，天津市能源终端消费总量持续增长，2016 年以来则呈现先下降后回升的变动轨迹，先是 2016 年和 2017 年连续两年下降，2018 年和 2019 年则连续两年回升，表明目前天津市能源消费总量尚未进入稳定的下降阶段。从内部结构看，第一产业能源消费量所占比重一直不超过 2%，2019 年仅占 1.30%；第二产业始终是能源消耗的重点领域，所占比重大体上在 70% 左右，2016 年以来较此前的占比有所下降，仍维持在大约三分之二的水平，2019 年占 67.05%；第三产业和生活能源消费所占比重均呈现出先下降后回升再下降的态势，2019 年的占比分别为 17.11% 和 14.55%。

表6-9　天津终端能源消费量及内部结构

年份	能源终端消费量（万吨标准煤）	具体终端领域（%）			
		第一产业	第二产业	第三产业	生活消费
2006	3870.90	1.70	69.88	15.99	12.43
2007	4213.73	1.61	70.44	15.67	12.28
2008	4606.24	1.46	70.07	15.92	12.55
2009	5023.03	1.43	69.38	15.87	13.32
2010	5860.20	1.33	72.17	15.05	11.45
2011	6551.11	1.33	73.80	14.24	10.63
2012	7054.97	1.34	73.16	14.41	11.09
2013	7694.82	1.29	73.39	14.35	10.97
2014	7955.00	1.27	72.84	14.63	11.25
2015	8137.29	1.30	70.22	16.03	12.46
2016	7875.03	1.40	68.17	16.97	13.46
2017	7687.75	1.52	66.36	17.78	14.34
2018	7917.81	1.36	66.47	17.11	15.05
2019	8261.29	1.30	67.05	17.11	14.55

数据来源：2015—2019 年数据来自《天津统计年鉴 2020》，其余来自《天津统计年鉴 2018》。

从能源消费的种类看（见表6-10），煤炭和原油一直是天津最主要的能源消费品，2019 年消费量分别为 3766.11 万吨和 1693.35 万吨；2019 年焦炭、燃料油、汽油、煤油、柴油、天然气和电力的消费量分别为 903.99 万吨、50.0 万吨、284.46 万吨、110.58 万吨、316.92 万吨、108.49 亿立方米和 964.3 亿千瓦时。从 2015 年至 2019 年的变动情况看，煤炭和柴油的消费量保持了持续下降，天然气、电力和煤油的消费量保持了持续上升；焦炭和燃料油的消费量以 2017 年为转折点，先下降后回升，2019 年焦炭的消费量与 2015 年的消费量基本相当，2019 年燃料油的消费量较 2015 年有明显减少；汽油的消费量整体上仍呈现上升态势。

表 6 – 10　2015—2019 年天津各类能源消费量

品　种	2015	2016	2017	2018	2019
煤炭(万吨)	4538.83	4230.16	3875.61	3832.89	3766.11
焦炭(万吨)	904.69	887.29	808.7	867.23	903.99
原油(万吨)	1616.72	1433.6	1624.85	1688.23	1693.35
燃料油(万吨)	94.14	45.33	40.68	46.99	50.00
汽油(万吨)	267.22	274.79	274.16	273.65	284.46
煤油(万吨)	65.78	82.02	101.5	108.92	110.58
柴油(万吨)	390.57	371.76	349.11	326.06	316.92
天然气(亿立方米)	63.62	74.06	82.31	101.92	108.49
电力(亿千瓦小时)	851.13	861.6	857.0	939.23	964.30

数据来源:《天津统计年鉴 2020》。

二、能源消耗与经济增长脱钩情况分析

工业是天津市能源消耗的重点领域,也是节能减排的关键领域。下面从天津市整体经济以及工业经济两个层面,利用统计数据和上一章所提到的 Tapio 指数方法,分析天津市能源消耗与经济增长的脱钩关系。

(一)全部能源消耗与 GDP 增长脱钩情况

表 6 – 11 给出了 2006—2019 年天津市能源消耗与 GDP 的脱钩指数和脱钩状态,可以看出,其中有 11 年为弱脱钩状态,2016 年和 2017 年为强脱钩状态,2010 年为扩张连接状态。总的来看,天津市能源消耗与 GDP 增长呈现出脱钩状态,这意味着单位 GDP 能源消耗量持续下降。但是,弱脱钩仍占据主导地位,表明能源消耗总量尚未进入稳定的下降阶段,仍有进一步增加的趋势。

表 6 – 11　天津市能源消耗与 GDP 增长脱钩情况

年份	能源消耗变化率（%）	GDP 变化率（%）	脱钩指数	脱钩状态
2006	10.52	14.8	0.71	弱脱钩
2007	8.09	15.6	0.52	弱脱钩
2008	8.44	16.7	0.51	弱脱钩
2009	9.10	16.6	0.55	弱脱钩
2010	16.07	17.6	0.91	扩张连接
2011	11.45	16.6	0.69	弱脱钩
2012	8.03	14.0	0.57	弱脱钩
2013	7.59	12.5	0.61	弱脱钩
2014	3.34	10.1	0.33	弱脱钩
2015	1.41	9.4	0.15	弱脱钩
2016	− 0.19	9.1	− 0.02	强脱钩
2017	− 2.83	3.6	− 0.79	强脱钩
2018	1.81	3.6	0.50	弱脱钩
2019	3.35	4.8	0.70	弱脱钩

　　数据来源：2006—2017 年的能源消耗变化率根据《天津统计年鉴 2018》相关数据计算得出，2018—2019 年数据根据《天津统计年鉴 2020》相关数据计算得出；GDP 变化率为以上年度不变价格为基准的实际增长率，数据来自《天津统计年鉴 2019》和《天津统计年鉴 2020》；脱钩指数在前两个指标基础上计算得出。

（二）工业领域能源消耗与工业增长脱钩情况

　　表 6 – 12 进一步给出了 2006—2019 年天津市工业领域能源消耗与工业增加值的脱钩指数和脱钩状态，可以看出，其中有 9 年为弱脱钩状态，总体上也呈现出弱脱钩主导的特点；从 2015 年以来的变化情况看，呈现出相对复杂的新特点，2015—2017 年连续三年出现强脱钩状态，2018 年回到弱脱钩状态，2019 年则为扩张连接状态，这在一定程度上与工业发展仍处于转型期有关。总的来看，天津市工业发展已经基本走出高能源消耗的阶段，但绿色发展的动能还不强劲，节能

压力依然较大。

表 6 - 12　天津工业领域能源消耗与工业增长脱钩情况

年份	工业能耗变化率(%)	工业增加值变化率(%)	脱钩指数	脱钩状态
2006	12.63	16.2	0.78	弱脱钩
2007	8.44	17.3	0.49	弱脱钩
2008	6.86	19.0	0.36	弱脱钩
2009	8.04	18.5	0.43	弱脱钩
2010	20.59	20.9	0.99	扩张连接
2011	13.87	19.5	0.71	弱脱钩
2012	7.35	16.1	0.46	弱脱钩
2013	7.57	12.8	0.59	弱脱钩
2014	2.60	10.1	0.26	弱脱钩
2015	- 1.66	9.3	- 0.18	强脱钩
2016	- 2.54	8.5	- 0.30	强脱钩
2017	- 5.78	2.3	- 2.51	强脱钩
2018	1.55	2.6	0.60	弱脱钩
2019	3.78	3.6	1.05	扩张连接

数据来源:2006—2017 年的工业能源消耗变化率根据《天津统计年鉴 2018》相关数据计算得出,2018—2019 年数据根据《天津统计年鉴 2020》相关数据计算得出;工业增加值变化率为以上年度不变价格为基准的实际增长率,数据来自《天津统计年鉴 2019》和《天津统计年鉴2020》;脱钩指数在前两个指标基础上计算得出。

第四节　主要结论及政策建议

一、主要结论

天津市在国家新发展理念和"五位一体"总体布局战略指引下，结合自身情况，积极探索以绿色路径推动经济加快迈向高质量发展，绿色生产方式和绿色经济结构正在形成，支撑绿色发展的政策体系也不断完善。同时天津市也面临节能减排压力依然较大、各区之间空气质量差异大、工业结构偏重尚未得到根本性转变等问题和挑战。天津能源消耗与经济发展的关系总体呈现出脱钩状态，主要以弱脱钩为主，2006—2019 年，弱脱钩达到 11 次，强脱钩状态 2 次，扩张连接状态 1 次；而天津市工业能源消耗与工业增加值的关系总体上也呈现出弱脱钩主导的特点，2015 年以来则呈现出相对复杂的新特点，尤其 2017—2019 年强脱钩、弱脱钩、扩张链接三种状态依次出现，表明天津市工业领域降低能源消耗尚不稳定，需进一步加大力度，推动工业转型升级、创新发展。

二、政策建议

通过绿色治理推动天津经济实现绿色发展，构建生态型产业体系是重点内容，技术创新和基于新技术的管理创新是主要动力，环境治理体系建设是必要保障。

（一）构建生态型产业结构

在新一代信息技术蓬勃发展并与实体经济深度融合的背景下，天津要促进基于物联网、人工智能、大数据等绿色、智能、中高端新业态的发展，加快新兴技术与传统业态有机融合，加快建设全国先进制造研发基地，实现新旧动能转换，打造创新引领、集约高效、智能融合、绿色低碳的先进制造业体系，培育一批科技型、循环型、生态型先进制造产业增长极。

在保持天津制造业传统优势的同时,逐步降低石化、钢铁等污染耗能型产业在经济中的比重,着力发展航天、生物医药、新能源新材料等高端、绿色产业,以及为绿色制造服务的生产性服务业,提高农业现代化水平和农业生态功能,通过这些产业的加快发展逐步降低石化、钢铁等污染耗能型产业在经济中的比重,从而逐步实现产业结构向生态型转变。构筑以 10 个高端产业、8 个新兴产业、3 个具有比较优势产业、2 大传统产业为基础的"10 + 3 + 8 + 2"产业新体系,重点发展高端制造和新兴产业、传统优势产业、国防科技工业,打造创新引领、集约高效、智能融合、绿色低碳的先进制造业体系,基本建成全国先进制造研发基地,培育一批科技型、循环型、生态型先进制造产业增长极。

(二)创新管理手段,充分利用新技术助力绿色发展

节能降碳需要将节能工作和降碳工作结合起来,打造一种长效机制。天津市要探索建立节约能源、保护生态环境的政府引导、市场主体和公众参与的长效机制,并从政府、企业和社会公众三个层面节能降碳。其中,政府要加强管理、建立和完善管理机制,坚持依法管理与政策激励相结合,重点做好规划指导、法规标准的完善、激励政策的制定,并严格执法监督。企业必须发挥节能降碳的主体地位,采取各项节能降碳行动,如提高能源利用效率、开发低碳产品、提高降碳服务水平、采取清洁生产、加强合同能源管理以及严守节能降碳法规等方面。

充分运用"互联网 +"技术,建立绿色工业互联网平台,为企业寻找提升改造路径,将智能制造作为企业转型升级的重点方向,通过工业数字化、网络化、智能化降低能耗,增加效率,大力发展绿色经济。充分利用京津冀大数据综合试验区及大数据协同处理中心建设契机,推动生态大数据发展,升级优化天津市生态环境大数据平台及业务监管平台,完善大气、水、土壤等生态环境监测网络,建成"天地空"一体化环境监测网络,实现环境治理、重点污染源、生态状况监测全覆盖。推动卫星遥感、无人机巡查、人工智能等现代监测技术手段在监测和执法领域的广泛运用,实现监测无空白、执法全覆盖。加快黑臭水体治理、挥发性有机物(VOCs)治理等关键指数和装备研发技术攻关,推进技术成果转化,鼓励技术型环保企业的快速发展。

（三）全面构筑绿色生态体系和协同治理体系

围绕加快建设生态宜居的美丽天津，全面构建绿色生态体系，不断提升生态系统的质量和稳定性。扎实推进 736 平方公里双城间绿色生态屏障区建设，主动融入京津冀区域生态环境体系，成为环首都东南部生态屏障带的重要组成部分。继续实施 875 平方公里湿地自然保护区的修复与保护，推进 153 公里海岸线生态修复，加快实施生态廊道建设和岸滩修复工程。严格执行国家生态保护红线的保护管理制度，强化对 1393.8 平方公里生态保护红线区域的保护力度。持续改善农村人居环境，加快农村水生态系统修复，高质量推进生态宜居美丽乡村建设。

绿色发展问题需要区域内和市域内不同部门联合起来建立行之有效的协同机制。第一，天津同北京和河北就绿色发展问题建立相互合作与支持的长效联动机制，深入推进跨部门、跨省市联合发展，强化各城市之间的攻坚共享，建立京津冀大数据库"绿色档案"，涵盖大气治理、水资源保护、绿色产业等各个方面，及时更新最新数据和最新动态。第二，构建政府主导的多元主体共同治理体系，政府部门在出台政策、搭建环境治理公共平台时，应充分考虑建立适当的机制引导和鼓励企业、环保组织和个人主动加入环境治理体系。可以从平台搭建入手，整合政府相关部门、环保组织、电信运营商、互联网公司等力量，先纳入各级各类组织，再适时将个人纳入，形成各类主体充分参与、数据极其丰富的基本格局，为绿色发展多元共治体系建设奠定基础。

第七章　中国环境治理政策
历史演进及框架体系

　　绿色发展逐渐成为中国经济社会发展的时代主题，既与中国特色社会主义事业建设实践和创新探索紧密结合在一起，也与改革开放的深化进程融合在一起，应该说，我们是在推进中国特色社会主义现代化建设过程中，在不断总结经验教训的基础上，通过持续探索，初步形成了绿色发展政策的基本框架体系。

第一节　中国环境治理政策演变历程

　　早在 1972 年中国就参加了联合国第一次人类环境会议。1973 年第一次全国环境保护大会召开，通过的《关于保护和改善环境的若干规定（试行草案）》成为中国第一部环境保护的法规性文件。改革开放以来，中国的环境治理历程同经济发展历程高度耦合，环境治理方式转变的节点也是中国经济发展的重要节点，以邓小平南方谈话、中国加入世界贸易组织（WTO）、党的十八大召开等重要事件为界，改革开放以来中国的环境治理大致可以分为四个阶段。

一、建章立制阶段（1978—1991 年）

从法律层面看，1978 年全国人大五届一次会议通过的《中华人民共和国宪法》第一十条中规定："国家保护环境和自然资源，防治污染和其他公害"，这是第一次在宪法中明确规定了环境和资源保护，为依法开展环境保护工作奠定了根本性法律依据。1979 年颁布的《中华人民共和国环境保护法（试行）》是中国第一部环保法律，标志着环境保护工作步入法制轨道。此后，环境保护单项专业立法进入发展快车道，如《中华人民共和国海洋环境保护法》《中华人民共和国水污染防治法》《中华人民共和国大气污染防治法》和《环境噪声污染防治条例》等。1982 年在"六五"计划中环境保护板块被单列，1983 年召开的第二次全国环境保护会议正式把环境保护作为一项基本国策，并确定了环境保护的指导方针和制定了环境保护的三大政策，即"预防为主、防治结合""谁污染、谁治理"和"强化环境管理"。1989 年召开的第三次全国环境保护会议进一步细化了环境保护三大政策和八项管理制度，影响深远。这一阶段，绿色发展政策的确立还体现在一系列的自然资源立法，整个 20 世纪 80 年代先后制定了《中华人民共和国森林法》《中华人民共和国草原法》《中华人民共和国渔业法》《中华人民共和国矿产资源法》《中华人民共和国土地管理法》《中华人民共和国水法》等自然资源保护法律。

从环境治理实践活动看，在党的十一届三中全会召开前后，邓小平同志分别在 1978 年 10 月 9 日和 1979 年 1 月 6 日连续两次对治理漓江的污染情况作出重要批示，并督促相关部门采取一系列治污举措，以实际行动揭开了中国环境治理的序幕。从环境治理组织机构看，1982 年 5 月，第五届全国人大常委会第 23 次会议决定，将国家建委、国家城建总局、建工总局、国家测绘局、国务院环境保护领导小组办公室（简称"国环办"）合并，组建城乡建设环境保护部，内设环境保护局，结束了"国环办"十年的临时状态；1988 年，环境保护局从城乡建设环境保护部分离出来，建立了直属国务院的国家环境保护局。此外，1984 年 5 月，国务院还发布《关于环境保护工作的决定》，明确成立国务院环境保护委员会，研究审定有关环境保护的方针、政策，提出规划要求，领导和组织、协调全国的环境保护工作,办事机构设在城乡建设环境保护部。这些都意味着国家推动环境保护的力度不断加大。

因这一时期经济发展水平较低,污染程度也相对较轻,且当时处于从计划经济体制向市场经济体制过渡的探索期,环境治理主要依靠行政、法律等手段,以监督促治理,以监督促保护。

二、规模化治理阶段(1992—2001 年)

1992 年初邓小平同志的南方谈话加速了中国改革开放的步伐,党的十四大明确了我国经济体制改革的目标是建立社会主义市场经济体制。在政策红利引导下,全国开始大规模的经济建设,各地上项目、搞建设的热情急剧高涨,由此也带来了一系列的环境污染问题。为加大对环境治理工作的推动,1998 年 6 月,国务院将国家环境保护局升格为国家环境保护总局。这一阶段的环境治理主要以总量控制为核心,大力推进"一控双达标"工作,全面开展"三河三湖两控区一市一海"的污染防治,同时启动大规模的城市环境综合整治,陆续出台或修订完善相关的法律法规。

这一时期,可持续发展理念日益成为国际社会的共识,如何通过减少污染物排放保证人类社会长久永续的发展成为国际环保主题。1992 年在巴西里约热内卢召开的联合国环境与发展大会通过了《联合国气候变化框架公约》,确立了二氧化碳减排的议题,大会通过的《21 世纪议程》确立了可持续发展战略。受此影响,中国政府分别于 1992 年和 1994 年制定了《中国关于环境与发展问题的十大对策》和《中国 21 世纪议程》,明确把可持续发展提升到国家战略高度,要求把可持续原则贯彻到中国经济社会发展的各个领域,从此拉开了以可持续发展为主题的绿色发展政策构建序幕。这一阶段,围绕着可持续发展主题所做的环境保护政策工作主要可分为四方面:一是聚焦于"三河三湖"和"两控区"的水气污染和生态环境检测;二是推进自然资源和环境污染新立法与修订工作,先后修订了《中华人民共和国森林法》《中华人民共和国矿产资源法》《中华人民共和国土地管理法》《中华人民共和国大气污染防治法》《中华人民共和国海洋环境保护法》和《中华人民共和国水污染防治法》,新制定了《中华人民共和国水土保持法》

《中华人民共和国矿山安全法》《中华人民共和国煤炭法》《中华人民共和国电力法》《中华人民共和国节约能源法》等；三是颁布相关法规规章，以预防新污染问题和提高自然资源综合的利用率；四是通过各种政策性文件和制度强化国民经济各个领域可持续发展原则的落地，1994 年颁布的《中华人民共和国自然保护区条例》、1998 年印发的《国民经济和社会发展"九五"计划和 2010 年远景目标纲要》《全国环境保护工作纲要（1998—2002）》和《全国生态环境建设规划》以及1999 年印发的《全国环境保护国际合作工作（1999—2002）纲要》等文件都使环境治理更加具备制度力量和法制力量。可以说，进入 21 世纪之前，作为中国绿色发展政策基础的资源环境保护法律体系已经基本建立。

三、转型探索阶段（2002—2012 年）

进入 21 世纪，中国经济进入高速增长阶段，重化工行业加快发展态势明显，在经济持续高速增长以及对外开放程度不断提升的过程中，全国各地的环境污染形势更加严峻，生态环境压力剧增，突出的问题就是资源利用率不高和污染物排放居高不下。为缓解资源环境压力与经济增长之间的矛盾，2002 年党的十六大明确提出"促进人与自然的和谐，推动整个社会走上生产发展、生活富裕、生态良好的文明发展道路"①，表明对于资源节约和环境保护的认知有了新的飞跃。2003 年 10 月党的十六届三中全会提出科学发展观，主张以人为本，要求在经济社会发展过程中必须树立全面协调可持续的发展观，进而统筹包括人与自然和谐在内的各方面发展。党的十六届五中全会进一步把构建资源节约型和环境友好型社会作为中国国民经济和社会现代化发展的一项战略任务。2007 年国务院印发《中国应对气候变化国家方案》，这是中国第一部应对气候变化的全面的政策性文件，也是发展中国家颁布的第一部应对气候变化的国家方案，标志着中国促进绿色发展政策有了新的顶层设计。

这一阶段的环境治理从"先污染后治理"逐渐转向"预防在先，治理在后"，并逐步由末端治理向全过程控制转变，但环境质量总体上并没有明显好转。

---

① 《中国共产党第十六次全国代表大会文件汇编》，人民出版社，2002，第 19 - 20 页。

2002 年《中华人民共和国环境影响评价法》的出台是立法方向的转变，开始从"先污染后治理"转向"预防在先，治理在后"，同年出台的第一部循环经济立法《中华人民共和国清洁生产促进法》，标志着治理模式开始由末端治理向全过程控制转变。

具体来看，与促进绿色治理相关的政策主要有以下几方面：一是组织机构的不断完善。2008 年 7 月，国家环保总局升格为国家环境保护部，成为国务院组成部门，同年覆盖 31 个省区市的六大区域督查中心全面组建。二是资源环境立法和修法工作取得新进展。主要是为治理沙土、清洁生产和循环经济立法（《中华人民共和国防沙治沙法》《中华人民共和国清洁生产促进法》和《中华人民共和国循环经济促进法》），并先后出台了《中华人民共和国放射性污染防治法》《中华人民共和国环境影响评价法》。三是政策工具不断丰富。完善命令控制型制度（污染物排放总量控制制度等）的同时，出台基于市场的绿色政策（绿色财税政策、绿色信贷政策）。四是有序推进生态环保示范创建工作，积极创建生态示范省市区县。

四、绿色治理阶段（2012 年至今）

2012 年党的十八大确立了中国特色社会主义经济建设、政治建设、文化建设、社会建设和生态文明建设"五位一体"总布局，明确指出要把生态文明建设摆在更加突出地位。党的十八大通过的《中国共产党党章（修订案）》同时把党领导人民进行生态文明建设写入党章，意味着社会主义生态文明建设成为党的行动纲领。党的十八大以来，中国经济进入新常态，环境治理也进入新阶段。一方面，环境污染的严峻态势已经引起全国人民的广泛关注；另一方面，环境问题受到中央前所未有的重视，环境保护被作为国家发展战略放在优先位置，生态文明建设理念的提出和框架的构建开启了绿色治理的新篇章。

中国环境污染同经济发展的关系也可以用环境库兹涅茨曲线（EKC）来加以解释：在人类工业化早期，经济社会发展同生态环境呈现出一种对立态势，随着经济发展到一定程度，环境质量开始改善。从世界发展史来看，几乎所有国家在发展过程中都不可避免地面临经济增长与环境保护的两难选择。根据 EKC 曲线,可以进一步将中国经济发展与生态环境的关系归纳为两个半程。其中前半程表现为经济发展同环境质量的此消彼长,后半程表现为绿水青山与金山银山的和谐共存。在前半程即 2012 年之前,中国经济社会各方面发生了巨大变化,也对环境质量产生了深刻的影响:一是经济结构由传统农业为主发展为现代工业为主。粗放的农业生产方式使得农药、化肥消耗过多,农业环境污染严重;工业化进程的加快,尤其是重化工业的快速发展,带来的工业污染也日趋严峻,二氧化硫、化学需氧量(COD)等污染物指标于 2006 年达到历史最高点。二是消费方式从节衣缩食到排浪式消费。经济的持续快速增长对普通民众一个最大的影响就是收入水平和消费能力的极大提升,购买力的不断增强和西方消费模式的影响使人们的消费方式发生了变化,部分领域、部分地区出现过度消费现象,消费增加也产生了更多的生活垃圾,住房条件的改善带来了更多的建筑垃圾,汽车从生产到使用都产生了大量污染。三是政府治理从传统模式转变为围绕经济增长的竞赛模式。以 GDP 为核心的地方竞争因其强大的激励效应,对中国经济的高速增长产生了重要的推动作用,但也带来了一系列的激励扭曲,一部分处于竞争中的地方官员只关心自己任期内地方经济的增长,往往对那些污染严重但盈利能力突出的企业采取包庇甚至纵容的态度,从而导致环境恶化。四是从封闭经济体到世界工厂。改革开放后,伴随着外资大量进入以及外贸经济的蓬勃发展,逐渐形成了出口导向型的经济发展模式,这一模式对我国经济持续快速增长、缩小与世界先进水平的差距起到了非常重要的作用,但这条路径对中国的生态环境在客观上也带来了消极影响。作为世界工厂,我们承接发达经济体产业转移的往往是高能耗、高污染、低附加值的出口加工行业和重化工业,在推动经济增长的同时,对环境污染也起了加速作用。总的来说,在前半程经济高速发展的同时,我们也付出了惨重的环境代价。

党的十八大以来,中国特色社会主义进入了新时代。在新的历史条件下,中国共产党将环境问题视为关系自身使命宗旨的"重大政治问题",也是事关民生的重大社会问题。在这一阶段,党和国家陆续出台一系列的规章制度,并在各项工作中抓紧落实,以下多重因素的叠加推动中国快速进入环境库兹涅茨曲线的拐点期,并逐步迈入后半程,即绿水青山与金山银山的和谐共存,逐渐形成了新时代环境治理的中国样本。

第一,环境治理理念日益强化。近年来生态环境保护的相关概念在党和国家重大会议和重要文件中出现的频次大幅增加,从"可持续发展""科学发展"到"绿色发展",从"千年大计"到"根本大计",从"两型社会"到"美丽中国",治理理念的革新带来的是环境治理重要程度的不断增强。习近平总书记提出的"绿水青山就是金山银山"重要论断,更是生动形象地阐释了经济发展与环境保护的辩证关系,成为绿色治理的方向指引。

第二,政府环境治理能力有效提升。一是治理机构逐渐健全。改革开放以来,中国的环保机构经历了多次重组,从临时机构逐步升格为国务院直属部门,其重要性不断增强,尤其是 2018 年生态环境部的组建,体现了污染防治与生态监管的有机统一,建设美丽中国成为重中之重。二是治理机制日臻完善。党的十八大以来,一系列政策措施密集落实,新修订的《中华人民共和国环境保护法》的颁布、跨区域联合防治协调机制的建立、覆盖海陆空的各项规章制度的实施,体现了党中央系统治理环境的决心。另外,环保督察长效机制、河长制、生态环境损害赔偿制度改革以及环保税的开征等,也成为我国生态文明建设的重要基础。三是治理手段不断创新。尽管我国一直把环境执法放在与环境立法同等重要的位置,但传统的环境监测技术和人工执法手段使环境治理的时间和范围都受到了极大的限制,而近年来人工智能、大数据、物联网等现代化治理手段的推广加快了环境治理手段的创新,使治理效果产生了质的飞跃,如生态环境部启动的"千里眼计划"、张掖的天地一体化生态环境监测系统等,大大提升了监管能力和治理水平。

第三,市场化环境治理模式逐步完善。2013 年十八届三中全会提出的"推行环境污染第三方治理"改变了以往"谁污染谁治理"的模式,为专业治污市场主体的培育和发展创造了空间。2016 年国家发展改革委和环境保护部联合印发的《关于培育环境治理和生态保护市场主体的意见》提出"政府引导,企业主体"的基本原则,充分发挥市场配置资源的决定性作用,这意味着我国的环境治理已从

过去的行政命令、政府控制阶段过渡到以市场机制为基础的阶段。2016 年《国家
发展改革委办公厅关于切实做好全国碳排放权交易市场启动重点工作的通知》
的发布意味着将全国统一碳市场建设列入日程,这进一步为市场化手段推动节
能减排提供了制度基础。在绿色治理投融资方面,根据《证券日报》记者从银保
监会获悉的消息,截至 2021 年末,国内 21 家主要银行绿色信贷余额达 15.1 万亿
元,占其各项贷款的 10.6%;按照信贷资金占绿色项目总投资的比例测算,21 家
主要银行绿色信贷每年可支持节约标准煤超过 4 亿吨,减排二氧化碳当量超过 7
亿吨。①

　　第四,公众意识不断觉醒。公众是环境污染的见证者和受害者,同时也是环境
治理的参与者和监督者。以往受主客观因素的影响,公众参与环保的积极性相对
不高。从 2011 年细颗粒物首次引起舆论关注开始,大气和水污染等接二连三进入
公众视野,大气污染的发生让每个民众都明白了环境问题的严重性和重要性,环境
危机意识的觉醒使得人们更愿意为环境治理投入更多的物力与财力。环保督察制
度和公众平台使得许多环境污染问题不断得以曝光,公众环保诉求表达渠道日趋
畅通,形成了全民关注环保的良好氛围,为绿色治理打下了坚实的群众基础。而
2015 年原环境保护部颁布的《环境保护公众参与办法》,则为公众参与环保事业提
供了法律保障。

　　纵观改革开放以来我国环境治理的发展历程可以发现,我们并没有完全绕
开国际上多数国家所走过的"先污染后治理"的路径,站在新的历史起点上,党和
国家坚决摒弃破坏生态环境的传统发展模式,摒弃以牺牲生态环境换取一时一
地经济增长的做法,通过理念的提升、制度的改善、政策的落实等来加以强化环
境治理,而市场的参与和公众意识的觉醒更是增加了环境治理的筹码。我们有
理由相信,中国将以更快的速度跨过库兹涅茨曲线的拐点区,天更蓝、山更绿、水
更清、环境更优美的美丽中国也将更快成为现实。

---

　　①　苏向杲、杨洁:《银保监会:截至 2021 年末国内 21 家主要银行绿色信贷余额达 15.1 万亿元》,《证
券日报》2022 年 3 月 23 日。

第二节　新时代中国绿色发展政策体系

一、指导思想的确立

党的十八大以来，以习近平同志为核心的党中央深刻回答了为什么建设生态文明、建设什么样的生态文明、怎样建设生态文明的重大理论和实践问题，提出了一系列新理念新思想新战略，形成了习近平生态文明思想，成为习近平新时代中国特色社会主义思想的重要组成部分。① 习近平生态文明思想内涵丰富、博大精深，集中体现为"生态兴则文明兴"的深邃历史观、"人与自然和谐共生"的科学自然观、"绿水青山就是金山银山"的绿色发展观、"良好生态环境是最普惠的民生福祉"的基本民生观、"山水林田湖草是生命共同体"的整体系统观、"实行最严格生态环境保护制度"的严密法治观、"共同建设美丽中国"的全民行动观、"共谋全球生态文明建设之路"的共赢全球观。② 习近平生态文明思想是新时期绿色发展政策的理论指导和实践指南，其中关于人和自然生命共同体、绿水青山就是金山银山、环境就是民生等重要论断，成为新时期制定绿色发展政策的基本逻辑出发点。在习近平生态文明思想的指引下，近年来以绿色发展、生态文明建设为主旋律的制度和政策更加系统健全，形成了全方位、深层次推动绿色发展的新局面。

二、政策根基的进一步夯实

（一）理论基础

绿色发展理念，绿色是主旋律，发展是主题，生产力是目标。2013 年 5 月 24

日,习近平总书记在主持十八届中共中央政治局第六次集体学习时指出:"要正确处理好经济发展同生态环境保护的关系,牢固树立保护生态环境就是保护生产力、改善生态环境就是发展生产力的理念。"这一论述将生态环境纳入生产力的要素,丰富发展了马克思主义生产力理论,进而促进了发展观的创新。

作为一种新的发展理念,绿色发展理念在发展思路上摒弃了传统发展观在人与自然关系上所坚持的二元对立思维,主张人与自然的统一、和谐,力求在尊重自然价值的基础上谋求经济社会的发展。在这个意义上,绿色发展理念既不是传统上以牺牲资源环境为代价谋求发展,也不是抛弃生产力意义上纯粹讨论生态环境保护,而是倡导一种新的生产力思维,即"绿水青山就是金山银山"。绿色发展理念同样关注生产力进步和发展,但这种生产力是在不破坏环境意义上的绿色生产力,是以尊重自然规律为前提的绿色生产力。

(二)制度基础

从制度基础看,建立了最严格的生态环境保护制度。一是强化顶层设计。党的十八届三中全会通过的《中共中央关于全面深化改革若干重大问题的决定》和党的十八届四中全会通过的《中共中央关于全面推进依法治国若干重大问题的决定》,都要求完善生态文明制度体系,强调用法制推进绿色发展,推动生态文明建设。2015年中共中央、国务院先后印发《关于加快推进生态文明建设的意见》和《生态文明体制改革总体方案》,对生态文明建设以及生态文明制度体系完善进行了总体部署。2016年12月,中共中央办公厅、国务院办公厅印发了《生态文明建设目标评价考核办法》,根据该考核办法,国家发展改革委、国家统计局、环境保护部、中央组织部等部门制定印发了《绿色发展指标体系》和《生态文明建设目标考核体系》,为评价绿色发展状况和生态文明建设情况提供了政策依据。2018年6月,中共中央、国务院印发《关于全面加强生态环境保护坚决打好污染防治攻坚战的意见》,明确了指导思想、总体目标、基本原则和主要工作方向。2020年,中共中央办公厅、国务院办公厅印发了《关于构建现代环境治理体系的指导意见》,明确未来五年工作的主要目标是:建立健全环境治理的领导责任体系、企业责任体系、全民行动体系、监管体系、市场体系、信用体系、法律法规政策体系，落实各类主体责任，提高市场主体和公众参与的积极性，形成导向清晰、决策科学、执行有力、激励有效、多元参与、良性互动的环境治理体系。

同时，中央建立并实行环境保护督察制度。2015 年 7 月 1 日，中央深改组第十四次会议审议通过《环境保护督察方案（试行）》，明确建立环保督察机制。2015 年 8 月，中央印发环境保护督察方案；2015 年 12 月，河北省督察试点启动，到 2017 年底，第一轮中央环保督察分四批展开，对 31 个省区市（港澳台除外）实现全覆盖。2018 年在国务院机构改革之下，原"国家环境保护督察办公室"更名为"中央生态环境保护督察办公室"，①该部门为生态环境部 21 个内设机构之一；2019 年 6 月，中共中央办公厅、国务院办公厅印发《中央生态环境保护督察工作规定》，进一步规范强化了生态环境保护督察工作；2019 年 7 月，第二轮第一批中央生态环境保护督察启动，2020 年 8 月和 2021 年 4 月，第二批、第三批中央生态环境保护督察先后启动；中央生态环境保护督察办公室还对一些地方和部门开展"回头看"，实现对所有省份第二轮督察全覆盖。

（三）法律基础

促进绿色发展相关的法律体系得到进一步修订和丰富完善。2014 年修订完成的《中华人民共和国环境保护法》被称为"史上最严"环保法，《中华人民共和国大气污染防治法》《中华人民共和国水污染防治法》《中华人民共和国环境噪声污染防治法》《中华人民共和国环境影响评价法》《中华人民共和国循环经济促进法》《中华人民共和国节约能源法》《中华人民共和国防沙治沙法》等与生态环境相关的法律也得到修订和（或）修正，《大气污染防治行动计划》和《水污染防治行动计划》也开始实施。此外，2016 年 12 月 25 日，第十二届全国人民代表大会常务委员会第二十五次会议通过《中华人民共和国环境保护税法》，自 2018年 1 月 1 日起施行；2018 年 8 月 31 日，第十三届全国人民代表大会常务委员会第五次会议通过《中华人民共和国土壤污染防治法》，自 2019 年 1 月 1 日起施行。

---

① 中央生态环境保护督察办公室的主要职责参见生态环境部网站。

2018 年第十三届全国人大一次会议通过了《中华人民共和国宪法修正案》，以国家根本大法的形式确立了生态文明和"美丽中国"的根本遵循，意味着以生态文明建设为主题的绿色发展政策在新时期有了更具力量保证的顶层设计和法律根基。

三、推动绿色生产及绿色生活的政策持续完善

（一）农业绿色发展政策

中国的农业绿色发展政策经历了数量兴农、质量兴农和绿色兴农三个发展阶段，绿色发展政策在农业领域也先后呈现出经济性、安全性和低碳性。围绕着农业资源节约、农业产地环境治理、农业生态系统稳定、农业生产效率提升和食品安全等问题，绿色农业政策的成熟主要表现为一系列法律法规的颁布和实施。

政策性的通知和意见主要有《关于完善化肥、农药、农膜专管办法的通知》《关于治理开发农村"四荒"资源进一步加强水土保持工作的通知》《关于基本农田保护中有关问题的整改意见》《关于创新体制机制推进农业绿色发展的意见》《国务院关于加强新阶段"菜篮子"工作的通知》《中共中央国务院关于促进农民增加收入若干政策的意见》《全国农业现代化规划（2016—2020 年）》《国家农业可持续发展试验示范区（农业绿色发展先行区）管理办法（试行）》。

涉及的法律条文主要包括《中华人民共和国水土保持法》《中华人民共和国农业法》《中华人民共和国农药管理条例》《中华人民共和国农产品质量安全法》等。除此之外，绿色农业财政扶持政策从农业资源养护、农业领域污染治理和农业结构调整与绿色模式推广等方面实施了一定程度的补贴政策，但从实效性看，仍然需要完善补贴机制、健全法律法规、统一农业绿色发展标准。从绿色农业政策实施效果来看，绿色农业发展态势良好，农业资源节约效果初显，农业生态系统相对稳定，绿色产品基本实现有效供给。

2021 年 4 月 29 日，第十三届全国人民代表大会常务委员会第二十八次会议通过《中华人民共和国乡村振兴促进法》，自 2021 年 6 月 1 日起施行。该法第一章第四条明确了实施乡村振兴战略应该坚持的五项原则，第三项即是"坚持人与自然和谐共生，统筹山水林田湖草沙系统治理，推动绿色发展，推进生态文明建

设"。第五章"生态保护"给出了七条具体规定，其中一条便为"优先发展生态循环农业"。该项法律实际上将绿色农业发展从法律层面纳入乡村振兴战略，为在推进乡村振兴过程中统筹促进农业绿色发展奠定了法律基础。

（二）工业绿色发展政策

工业化是现代化的重要支撑。中国社会现代化的实现很大程度上有赖于工业化的实现，新中国的现代化历史可以说在很大程度上就是一部工业化的历史。特别是改革开放以来，我国工业化进程明显加快，目前已经步入工业化后期。但中国工业化存在两大客观问题，即产品附加值低和要素供给比较优势下降，而且由于产业结构不合理、能源利用率低和绿色技术缺乏，工业化进程中的生态环境问题和资源约束日益凸显。工业的核心是制造业，工业绿色发展的核心是绿色制造，政策体系也是促进绿色制造发展为主。

2015 年 5 月 8 日，国务院印发《中国制造 2025》，这是我国实施制造强国战略第一个十年行动纲领。《中国制造 2025》将绿色发展作为推动制造业发展的五个基本方针之一，提出"构建绿色制造体系，走生态文明的发展道路"，还从规模以上单位工业增加值能耗下降幅度、单位工业增加值二氧化碳排放量下降幅度、单位工业增加值用水量下降幅度、工业固体废物综合利用率四个指标分别给出了 2020 年和 2025 年的绿色发展目标（见表 7 - 1）。全面推行绿色制造是《中国制造 2025》所明确的九项战略重点任务之一，主要内容包括：加快制造业绿色改造升级、推进资源高效循环利用、积极构建绿色制造体系；实施绿色制造工程是五大工程之一，包括"制定绿色产品、绿色工厂、绿色园区、绿色企业标准体系，开展绿色评价"等内容，目标是"到 2025 年，制造业绿色发展和主要产品单耗达到世界先进水平，绿色制造体系基本建立"。

表 7 - 1　制造业绿色发展目标

指标	2013 年	2015 年	2020 年	2025 年
规模以上单位工业增加值能耗下降幅度	—	—	比 2015 年下降 18%	比 2015 年下降 34%
单位工业增加值二氧化碳排放量下降幅度	—	—	比 2015 年下降 22%	比 2015 年下降 40%
单位工业增加值用水量下降幅度	—	—	比 2015 年下降 23%	比 2015 年下降 41%
工业固体废物综合利用率（%）	62	65	73	79

资料来源:《国务院关于印发〈中国制造 2025〉的通知》（国发〔2015〕28 号文）。

根据国家"十三五"规划和《中国制造 2025》,工业和信息化部编制并于 2016 年 6 月 30 日印发了《工业绿色发展规划（2016—2020 年）》,力求从能效提升、清洁生产、资源高效循环利用、工业低碳发展和绿色制造体系创建等方面推进工业绿色发展。2016 年 9 月,工信部节能与综合利用司发布《绿色制造工程实施指南（2016—2020 年）》,围绕传统制造业绿色化改造示范推广、资源循环利用绿色发展示范应用、绿色制造技术创新及产业化示范应用、绿色制造体系构建试点四个方面的重点任务推动具体工作。紧接着,工信部办公厅发布《关于开展绿色制造体系建设的通知》,明确"以绿色工厂、绿色产品、绿色园区、绿色供应链为绿色制造体系的主要内容"。2017 年 2 月,工信部启动了绿色制造体系建设的具体工作,截至 2020 年 10 月,共确立了五批绿色制造示范名单,其中绿色工厂累计 2121 家,绿色设计产品累计 2170 种,绿色园区累计 172 家,绿色供应链管理示范企业累计 189 家(见表 7 - 2)。

表7-2　绿色制造名单数量统计

批次	绿色工厂（家）	绿色设计产品（种）	绿色园区（家）	绿色供应链（家）
第一批（2017.8）	201	193	24	15
第二批（2018年2月）	208	53	22	4
第三批（2018年10月）	391	480	34	21
第四批（2019年9月）	602	371	39	50
第五批（2020年10月）	719	1073	53	99
合计	2121	2170	172	189

资料来源：根据工业和信息化部网站发布信息整理。

除此之外，工业绿色发展政策的发展还表现为建立与绿色工业园区相关的系列制度与政策。一是出台《国家生态工业示范园区标准》和《国家生态工业示范园区管理办法》，积极打造国家级生态工业示范园区。二是根据《中华人民共和国循环经济促进法》推进绿色工业园区循环化改造。

（三）绿色发展经济政策和财税政策

绿色发展的落脚点依然是发展，是绿色含量十足的经济社会高质量发展。为此，建立健全与经济社会发展相配套的环境经济政策和财税政策成为绿色发展政策体系建设的内在要求。与环境行政法规政策相比，环境经济政策和财税政策主张利用经济手段的选择性而非行政法规的强制性来调控经济主体的环保行为，从而与环境行政法规优势互补，在激发企业参与度、积极性的基础上最大限度地促进经济社会进步和环境保护有效融合，发挥合力作用。

整体上看，经过多年的探索和在学习发达国家经验的基础上，中国已经形成了行之有效的绿色发展经济政策和财税政策。据统计，2006—2014年，国家层面出台的环境经济政策约有420项；2006—2013年，省级地区出台的环境经济政策多达 713 项。① 这些政策主要有环境权益交易政策、环境财政政策、环境资源价格政策以及生态补偿转移支付制度（《关于印发自然资源领域中央与地方财政事权和支出责任划分改革方案的通知》）、与污染物排放总量关联的财政政策、水域环境双向补偿制度、排污收费制度以及政府采购节能环保制度。同时，自 2006 年以来，中国围绕着绿色发展先后设立了"中央财政主要污染物减排专项资金、节能技术改造财政奖励资金、再生节能建筑材料生产利用财政补助、'节能产品惠民工程'财政补贴、节能与新能源汽车示范推广财政补助资金、风力发电设备产业化专项资金等等，给予了资金上的大力支持，同时由以罚为主的财政政策逐步向税收优惠的财政奖励政策转变，一种新型的财政税收鼓励机制正在逐步形成"②。

在绿色金融政策和绿色税收政策方面，环保税、消费税、资源税是绿色税收政策的核心。2012 年，财政部和环保部、国家税务总局按《国务院关于加强环境保护重点工作的意见》，开始研究起草环境保护税法的草案，标志着中国绿色税收政策体系逐渐朝法治化转向。《中华人民共和国环境保护税法》和《中华人民共和国资源税法》先后于 2018 年 1 月 1 日和 2020 年 9 月 1 日起正式实施，这些都标志着中国绿色税收政策的逐渐完善，但仍有提升的空间。

绿色金融体系构建、绿色信贷、绿色债券是中国绿色金融政策的着力点，尽管中国建构绿色金融政策的时间不长，但此前金融部门已承担了一定的环境保护责任。早在 1995 年中国人民银行就颁发了《关于贯彻信贷政策与加强环境保护工作有关问题的通知》，2007 年和 2012 年中国银监会又先后发布了《关于防范和控制高耗能高污染行业贷款风险的通知》和《绿色信贷指引》，2016 年中国人民银行和财政部等七部委联合印发了《关于构建绿色金融体系的指导意见》，标志着中国将成为全球首个建立比较完整的绿色金融政策体系的经济体。截至 2021 年末，中国本外币的绿色贷款余额已经接近 16 万亿元，存量规模居全球第

---

① 董战峰、李红祥等：《基于绿色发展理念的环境经济政策体系构建》，《环境保护》2016 年第 11 期。
② 谢妍：《完善绿色发展的财政支持政策》，《中国财政》2014 年第 20 期。

一位；中国境内绿色债券余额达到了 1.1 万亿元，位居全球前列；中国已正式发布《绿色债券的支持项目目录》《金融机构环境信息披露指南》《环境权益融资工具》《碳金融产品》四项绿色金融标准体系，还与欧盟联合发布了《可持续金融共同分类目录》，构建了国内统一、国际接轨、清晰可执行的绿色金融标准体系。①

（四）生态补偿制度

2005 年 10 月，党的十六届五中全会通过《中共中央关于制定国民经济和社会发展第十一个五年规划的建议》，在"建设资源节约型、环境友好型社会"部分首次提出"按照谁开发谁保护、谁受益谁补偿的原则，加快建立生态补偿机制"。2013 年 11 月，党的十八届三中全会审议通过的《中共中央关于全面深化改革若干重大问题的决定》明确提出，实行生态补偿制度。党的十九大提出要建立"市场化、多元化生态补偿机制"，党的十九届四中全会要求"落实生态补偿制度"，党的十九届五中全会通过的《中共中央关于制定国民经济和社会发展第十四个五年规划和二〇三五年远景目标的建议》进一步要求"完善市场化、多元化生态补偿"。

近年来，在有关部委的积极推动下，《关于健全生态保护补偿机制的意见》《关于加快建立流域上下游横向生态保护补偿机制的指导意见》《建立市场化、多元化生态保护补偿机制行动计划》《关于建立健全长江经济带生态补偿与保护长效机制的指导意见》《生态综合补偿试点方案》等重要政策文件密集出台，各省也按照国家政策要求，结合本地实际积极探索创新生态补偿实践模式。②

（五）垃圾分类政策

绿色发展的实现离不开社会成员绿色生活方式的养成，垃圾分类投放就是一种绿色生活方式。中国自 20 世纪 50 年代便开始强调垃圾分类工作，但早期主要集中于鼓励垃圾分类收集和垃圾循环利用方面，2000 年 6 月建设部印发《关于公布生活垃圾分类收集试点城市的通知》，确定北京、上海、南京、杭州、桂林、广

---

① 张慕琛：《央行：去年中国境内绿色债券发行量超过 6000 亿元》，光明网，2022 年 5 月 12 日。
② 刘桂环：《探索中国特色生态补偿制度体系》，《中国环境报》2019 年 12 月 17 日。

州、深圳、厦门 8 个城市为垃圾分类收集试点,拉开了中国垃圾分类工作的大幕,但此时依然侧重垃圾分类收集,较少关注垃圾分类投放运输和处理问题。建设部于 2007 年印发并于 2015 年修订的《城市生活垃圾管理办法》以及国务院 2011 年印发的《关于进一步加强城市生活垃圾处理工作的意见》,表明已对垃圾分类有新的认识。在 2016 年各部委印发的《关于进一步强化城市规划建设管理工作的若干意见》《垃圾强制分类制度方案(征求意见稿)》以及发改委和住建部印发的《"十三五"全国城镇生活垃圾无害化处理设施建设规划》的通知中,都强调从垃圾投放、收集、运输和处理各个环节开展垃圾分类工作。

从 2017 年开始,中国真正进入生活垃圾分类制度的实施阶段。2017 年 3 月国家发展改革委和住房城乡建设部发布了《生活垃圾分类制度实施方案》,中国垃圾分类制度形成。2019 年第五次修订的《中华人民共和国固体废物污染环境防治法》中明确指出,国家推行生活垃圾分类制度,标志着垃圾分类制度的法治化建设迈出关键一步。此后,各省各市先后出台垃圾分类管理办法,作为绿色发展政策的垃圾分类制度构建工作在中国逐渐铺开。

第三节　新形势下推动碳达峰碳中和的探索

一、明确目标及政策方向

为积极应对全球气候变化,2020 年 9 月 22 日国家主席习近平在第七十五届联合国大会一般性辩论上发表重要讲话时表示:中国将提高国家自主贡献力度,采取更加有力的政策和措施,二氧化碳排放力争于 2030 年前达到峰值,努力争取 2060 年前实现碳中和。这实际上向世界展现了中国走绿色低碳发展道路的决心,也展现了中国主动承担应对全球气候变化和构建人类命运共同体的责任担当。

实现碳达峰碳中和，是中国为贯彻新发展理念构建新发展格局做出的战略性决策，已经进入党和政府工作的重要日程。推动碳达峰和碳中和先后被写入党的十九届五中全会审议通过的《中共中央关于制定国民经济和社会发展第十四个五年规划和二〇三五年远景目标的建议》以及十三届全国人大四次会议通过的《中华人民共和国国民经济和社会发展第十四个五年规划和2035年远景目标纲要》，也被写入2021年政府工作报告。2021年政府工作报告的年度重点工作中提出，要扎实做好碳达峰碳中和各项工作，制定2030年前碳排放达峰行动方案，优化产业结构和能源结构等。2021年3月15日中央财经委员会第九次会议对碳达峰工作作出了具体安排，要求从能源体系、低碳技术、低碳政策和市场、低碳生活等方面展开改革，并积极参与国际合作。中国还成立了碳达峰碳中和的组织领导机构，2021年5月，碳达峰碳中和工作领导小组成立并举行了第一次全体会议。国家发改委正在抓紧编制2030年前碳排放达峰行动方案，研究制定电力、钢铁、有色金属、石化化工、建材、建筑、交通等行业和领域碳达峰实施方案。①

各省市重点行业和重要企业已经普遍启动推动碳达峰碳中和相关工作。上海、江苏、广东、海南等地分别在省级两会上提出，力争在全国率先实现碳排放达峰。国家有关部门已经初步提出，有色金属行业力争到2025年率先实现碳达峰，到2030年力争实现减碳40%；钢铁行业也初步规划力争到2025年率先实现碳达峰，到2030年碳排放量较峰值降低30%。相关民间组织也积极参与推动碳达峰碳中和相关工作，2021年3月18日，由中国国家电网公司发起成立的全球能源互联网发展合作组织发布《中国2030年前碳达峰研究》和《中国2060年前碳中和研究》报告，首次提出中国能源互联网建设助推碳减排目标完成的系统方案。

二、碳排放交易机制加快探索

碳交易是把二氧化碳排放权作为一种商品的市场机制，为解决二氧化碳为

---

① 《国家发改委：正抓紧编制2030年前碳排放达峰行动方案》，中国新闻网，2021年5月18日。

代表的温室气体减排问题提供了新路径。

1997 年,《京都协议书》明确了协议签署国的减排目标,并规定了国际碳排放权的三个交易机制:国际排放贸易(IET)、联合履行机制(JI)和清洁发展机制(CAD),形成了碳排放权交易体系的初始形态。为探索通过碳交易促进减排,我国也自 2011 年便开始探索在国内建立碳交易所。2011 年 10 月国家发展改革委印发《关于开展碳排放权交易试点工作的通知》,批准北京、上海、天津、重庆、湖北、广东和深圳七省市开展碳交易试点工作。深圳市于 2013 年 6 月 18 日启动全国首个碳排放权交易市场,为中国碳排放权交易拉开了序幕。

2020 年 12 月 31 日,生态环境部对外发布《碳排放权交易管理办法(试行)》,根据《碳排放权交易管理办法(试行)》以及此前印发配套的《2019—2020 年全国碳排放权交易配额总量设定与分配实施方案(发电行业)》和《纳入 2019—2020 年全国碳排放权交易配额管理的重点排放单位名单》,目前纳入减排范围的仅为电力行业,“十三五”提出八大行业最迟不超过 2022 年将全部纳入碳市场,但进度会有所差别,预计钢铁、石化、化工、建材等行业将较先纳入,造纸、航空、有色金属等行业相对滞后一些。碳排放配额方面,根据《碳排放权交易管理办法(试行)》第三章第十四条,由生态环境部统一确定碳排放总额与分配方案,省级生态环境部主管部门负责根据碳排放额总量与分配方案,向本行政区域内的重点排放单位分配规定年度的碳排放配额;根据第十五条,碳配额以免费发放为主,可以根据国家有关要求适时引入有偿分配。交易基础设施方面,我国确定在上海建立全国碳排放交易系统,在湖北建立全国碳排放权注册登记中心,分别负责碳排放权的交易与登记结算。2021 年 7 月 7 日召开的国务院常务会议明确提出,在试点基础上,于当月择时启动发电行业全国碳排放权交易市场上线交易。2021 年 7 月 16 日,全国碳排放权交易市场正式启动上线交易,全天交易总量超过 410 万吨。发电行业是首个纳入全国碳市场的行业,纳入发电行业重点排放单位超过 2000 家。接下来,将逐步扩大行业覆盖范围,达到以市场机制调节和激励降低温室气体排放的目标。

第八章　促进绿色发展政策的国际借鉴

他山之石，可以攻玉。本章将对国际层面绿色发展政策进行概述，重点梳理归纳总结美国、德国、日本等国家的相关政策，进一步分析绿色发展政策落地过程中存在的现实难题，以期为完善中国绿色发展政策提供借鉴。

第一节　国际绿色发展政策概述

伴随着人类社会现代化进程的推进以及由此产生的对于现代化的再思考，绿色发展作为现代化不可或缺的一个维度和指标已经成为人类社会的共识，即现代化应该是绿色的现代化，应该是人与自然和谐共生的现代化，应该是充分尊重人的价值和自然界价值的现代化。应该说，这一共识的确立经历了漫长的理论斗争和实践较量，西方国家和中国都是在吸取传统现代化模式经验教训的基础上才把绿色发展作为国家发展的应有要素。西方发达国家对于现代化的反思在学理上表现为多学科的讨论，20 世纪 60 年代美国生态学者卡逊在《寂静的春天》一书中控诉了现代工业文明对自然界的野蛮侵略，揭示了现代社会日益严重的环境问题，进而加速了人们重新审视经济社会进步过程中人与自然的关系。

20 世纪 70 年代,罗马俱乐部发表的《增长的极限》进一步激发了国际社会对传统经济进步模式的反思。正是在这些省思的过程中,可持续发展、绿色发展、绿色经济、绿色新政等理念被采纳,日益成为国际社会的共识。中国在走向现代化的早期由于历史原因没有幸免经济社会发展带来的生态环境问题,伴随着对社会主义建设规律和人类社会发展规律认识的深入,进入 21 世纪以来,可持续发展、科学发展观、和谐社会和绿色发展理念先后被确立为国家战略,党的十八大确立了包括生态文明建设在内的"五位一体"总布局,党的十八届五中全会确立了经济社会发展的五大新发展理论,即创新、协调、绿色、开放、共享。绿色发展成为中国现代化的理想模式,成为建设生态文明的先行理念。绿色发展理念为处理经济社会发展与自然界发展矛盾提供了理论支撑,但要真正推进绿色发展从理论层面走向实践层面,成熟完善的绿色发展政策及有效的执行就成为关键。为推进绿色发展理念落地生根及有效发挥作用,我们有必要回顾总结国外绿色发展政策的共性特征和重点领域。

20 世纪中后期,绿色发展理念发端于欧美国家,进而成为当代全球环境治理的主旋律与共识。2015 年全球气候变化巴黎大会通过《巴黎协定》,以绿色新政、绿色经济和绿色科技为内核的绿色发展政策体系在西方渐次构建。

首先,国外绿色发展政策规划较早,与全球环境变化联系密切,政策的引领性优势明显。德国的"生态现代化"模式与实践、荷兰的《国家环境政策计划》、欧盟自 1973 年以来实施的环境行动计划都表明:欧盟绿色发展政策较早以可持续发展战略应对全球气候变化,以此实现环保与经济的共赢。

其次,发达经济体较普遍重视绿色发展法律制度建设。以德国为例,联邦德国在 1972 年就通过了第一部环保法——《垃圾处理法》;20 世纪 90 年代初,德国议会将环境保护写入修改后的《基本法》,德国"具有最为完备具体的环境立法和最为严格细致的环境标准,德国联邦及各州的环境法律法规有 8000 部,同时实施欧盟的约 400 个相关法规"[1]。再以农业领域为例,美国先后制定了《农业调

---

[1]　舒绍福:《绿色发展的环境政策革新:国际镜鉴与启示》,《改革》2016 年第 3 期。

整法》《食品、农业、资源保护与贸易法》《哈奇法案》《农业贷款法》等法律支持绿色农业和农业科技人才培养;欧盟各国通过了致力于农业可持续发展的《欧盟共同政策改革草案》,并先后制定了《麦克萨利改革方案》《欧盟水框架性指令》《生物燃料指令》等法案,以推动农业资源的节约和农业领域的环境保护。

再次,普遍侧重绿色发展政策组织机构和制度基础建设。从组织机构来看,法国在 1971 年就成立了环境保护部并不断赋予其新职能,英国通过机构改革整合绿色发展部门功能组建环境局和绿色部长委员会。同时国外较为关注绿色发展政策非政府组织的培育,也侧重通过文化建设和公民教育鼓励社会公众参与环保行动。欧美国家采取较为宽松的态度对待绿色发展类非政府组织,出现了一批以"地球之友"为代表的环保组织,同时广开渠道吸收专家建议。从制度完善来看,国外绿色政策体系较为多样化和层次化,既有行政手段与政策措施,又注重发挥市场机制作用。"致力于建设绿色福利国家的瑞典,既是世界上实施环境保护最为严格的国家之一,又是在环境保护方面运用最多经济手段的国家。"①

最后,普遍采用综合性的政策工具,重视发挥财政金融政策的激励导向作用。在推动生态农业、有机农业和绿色农业发展方面,强制性的法律手段、完善的绿色农业技术政策、农业绿色财税补贴政策、农业资源环境保护政策、农业资源节约政策和农业科技人才培养政策都是发达国家绿色农业政策的核心。绿色发展财政金融政策同样是发达国家在绿色发展政策构建方面的探索成果。2000年,《美国传统词典》(第四版)提出了绿色金融的概念,认为金融部门应该坚持可持续发展理念,通过金融业务的运作贯彻落实环境保护的国策,从而实现经济社会进步与环境资源保护的协调。② 整体上看,为促进绿色发展的实效性,各主要发达经济体都会采用积极的财政政策匹配绿色发展,从而保证各个行业绿色发展的资金基础。其中一个做法就是成立环境银行和环保银行,政府为清洁生产项目和环保项目做担保贷款或者信用升级。另一个比较典型的做法就是根据

---

① 舒绍福:《绿色发展的环境政策革新:国际镜鉴与启示》,《改革》2016 年第 3 期。
② 李溪:《国外绿色金融政策及其借鉴》,《苏州大学学报》2011 年第 6 期。

矫正税理论和可持续发展理论制定税收政策。"20 世纪初,西方福利经济学家庇古首次提出通过向污染者征税的方法控制污染排放水平的矫正税理论,该理论阐述的是通过税收手段使私人成本与社会成本尽可能相等,将社会行为产生的负外部性成本内部化,最终化解由于私人成本和社会成本存在差距而引起的不公问题,提高社会资源配置效率。"①法国采用空气污染收费和污水排放收费的方式,根据排放规模对各种酸性物质排放进行收费,用于补贴各种减排投资。美国在 20 世纪 90 年代就对可再生能源项目采用投资补贴模式,2009 年通过的《美国清洁能源与安全法案》部署了到 21 世纪中叶对可再生能源开发领域等的投资补贴计划。英国的绿色发展财政政策主要表现为征收气候变化税和发放住房节能改造补贴,并设立碳基金鼓励全社会各行各业参与节能减排。日本政策投资银行也先后实行环境友好经营融资业务、环境评级贴息贷款业务。韩国成立多家绿色基金公司,并积极推行绿色金融计划。

第二节 代表性国家绿色发展政策

本节以美国、德国、日本为研究对象,对三个国家促进绿色发展和绿色治理的主要政策进行概括。

一、美国绿色发展政策

美国推动绿色发展的一条主线是以发展清洁能源推动能源转型和经济转型,这也是未来美国推动实现碳中和的基本路径。

(一)积极发展清洁能源

美国推动清洁能源与可再生能源的政策可以追溯至 20 世纪 70 年代石油危

---

① 窦晓冉:《推动绿色发展的税收政策选择》,《市场研究》2018 年第 3 期。

机之后，进入 21 世纪后，推动力度逐渐加大。2001 年 5 月美国国家能源政策小组推出美国国家能源政策报告——《向美国未来提供可靠、经济和环保的能源》，2005 年美国总统布什签署《美国能源政策法案》，以发展清洁能源、提高能效为侧重点。

奥巴马任美国总统后，推动清洁能源的力度进一步加大。2009 年 2 月，奥巴马签署总额达 7870 亿美元的《美国复兴与再投资法案》中包含了美国历史上最大规模的清洁能源投资计划，用于新能源技术、替代能源研发和节能减排、开发太阳能和风能等的投资分别为 970 亿美元、607 亿美元和 400 多亿美元。2009 年 6 月，美国众议院通过的《美国清洁能源及安全法案》旨在降低温室气体排放、减少美国对外国石油依赖，法案内容主要包括发展清洁能源、提高能源效率、减少温室气体排放量以及向清洁能源经济转型等方面，法案要求减少化石能源的使用，并提出温室气体减排的中长期目标：在 2005 年的基础上，到 2020 年减少 17%，2050 年减少 83%。为推动减排，该法案还引入名为"总量控制与排放交易"的温室气体排放权交易机制。

华盛顿时间 2014 年 6 月 2 日，美国环境保护署（Environmental Protection Agency，EPA）发布了《关于清洁能源计划的建议》，该建议第一次要求美国最大的二氧化碳排放污染源——电厂减少二氧化碳排放。同年 8 月 3 日，美国总统奥巴马和 EPA 公布了清洁能源计划（Clean Power Plan，CPP），明确了电厂的碳污染标准，并提出了碳污染防治的相关技术和具体政策工具。根据 CPP 设定的目标，到 2030 年美国发电厂碳排放量将比 2005 年的排放水平至少下降 32%。

2017 年 1 月 20 日特朗普上任之后，立即推出《美国优先能源计划》，该计划除了延续美国追求能源独立的基本思想外，重点是发展石油、煤炭、天然气等化石能源，希望以此推动经济增长、增加就业和促进能源独立，在发展清洁能源方面"开了倒车"。为突破削减碳排放国际公约对美国的限制，同年 6 月 1 日特朗普宣布美国将退出已经签署的国际社会应对气候变化的《巴黎气候协定》，2020 年 11 月 4 日美国正式退出该协定。

拜登上任后，在能源政策方面的基本立场是回归到大力发展清洁能源的道路上。在美国政府权力过渡期,美国能源部核能办公室于 2021 年 1 月 8 日发布《战略愿景》,将愿景明确为:实现美国核能产业蓬勃发展,促进清洁能源发展和经济增长。2021 年 1 月 20 日拜登上任第一天,就宣布重新加入《巴黎气候协定》,拜登政府承诺:到 2035 年,通过向可再生能源过渡实现无碳发电;到 2050 年,让美国实现碳中和。为了实现该目标,拜登政府计划加大基础设施、清洁能源等重点领域的投资,大力发展以风电和光伏为代表的清洁能源发电。

(二)政策支撑体系建设

法律手段与经济刺激政相结合是美国推动清洁能源发展的基本方式。1980 年 12 月,美国国会通过《超级基金法案》(又称《综合环境反应补偿与责任法》),要求企业必须为其引起的环境污染承担责任,该项法案的一个重要影响是催生了绿色信贷和绿色保险制度。小布什政府时期 2005 年和 2007 年通过的美国《国家能源政策法案》和《能源独立与安全法案》以及奥巴马政府上任不久推出的《美国复苏和再投资法案》和《美国清洁能源及安全法案》,均从法律层面对发展清洁能源有所推动。美国为发展清洁能源还推出了多元化的经济刺激政策,其中有关可再生能源发展的经济刺激政策最为全面,涵盖了税收抵免、财政补贴、贷款担保、加速折旧和基金支持等经济手段。[①] 以税收抵免为例,美国联邦政府从 2006 年开始实施太阳能投资税收抵免政策,给予太阳能项目 30% 的投资税收抵免,2008 年和 2015 年该政策两次被延续,据悉有望再被延续到 2025 年。

注重研发创新是美国推动清洁能源发展的又一重要方式。2018 年美国国会制定出台《美国能源部研究与创新法案》,从立法高度全面授权美国能源部开展基础研究、应用能源技术开发和市场转化全链条集成创新,并推动能源部成立部层面的研究与技术投资委员会,以协调全部门战略性研究投入重点,集成关键要素支持基础科学和应用能源技术开发的交叉研发活动。[②] 拜登政府政正在制定

---

① 林绿等:《德国和美国能源转型政策创新及对我国的启示》,《环境保护》2017 年第 19 期。
② 中国科学院武汉文献情报中心研究组:《世界主要经济体能源战略布局与能源科技改革》,《中国科学院院刊》2021 年第 1 期。

的《清洁能源创新与就业法案》和《美国能源创新法案》,也将以法律形式推动清洁能源的创新。

二、德国绿色发展政策

德国是欧洲应对气候变化的代表性国家,主要围绕推动能源绿色转型开展相关工作,是全球率先实施能源转型的国家之一。德国能源转型核心工作包括扩大可再生能源利用、减少温室气体排放以及停止使用核电。[①]

(一)积极发展可再生能源

德国政府非常重视发展绿色清洁可再生能源,在 2000 年时首次颁布《可再生能源法》(Erneuerbare – Energien – Gesetz, EEG),该法先后于 2004 年、2009 年、2012 年、2014 年、2017 年和 2020 年六次进行修订,现行版本是 2020 年 11 月联邦议会通过修正案后于 2021 年 1 月 1 日起生效的 EEG2021。新版《可再生能源法》提高了海上风电的发展目标,将目标设定为:到 2030 年运行 20 吉瓦(GW),到 2040 年运行 40GW。截至 2020 年 6 月,德国海上风电安装容量为 7.7GW,这意味着未来 20 年德国海上风电安装容量将以年均超过 1.6GW 的速度递增。

2010 年 9 月 28 日,德国联邦政府发布了《能源理念——致力于环境友好、安全可靠与经济可行的能源供应》,被公认为是德国政府面向 2050 年能源中长期发展战略。该项报告提出德国能源结构的未来发展目标是建立以可再生能源为主的复合型能源结构,并从温室气体排放、可再生能源发展以及能源效率与节能三个方面明确了面向 2050 年的具体目标。其中,2020 年的阶段性目标是:温室气体排放量比 1990 年降低 40%,可再生能源占总终端能源消费比例达到 18%,可再生能源占总电力消费比例达到 35%,初能源消费比 2008 年下降 20%,电力能源消费比 2008 年下降 10%,交通领域能源消费比 2005 年下降 10%;2030 年的阶段性目标是:温室气体排放量比 1990 年降低 55%,可再生能源占总终端能源消费比例达到 30%,可再生能源占总电力消费比例达到 50%;2040 年的阶段性目标是:温室气体排放量比 1990 年降低 70%,可再生能源占总终端能源消费

---

① 谢飞:《德国能源转型并不轻松》,《经济日报》2019 年 1 月 9 日。

比例达到 45% ,可再生能源占总电力消费比例达到 65% ;2050 年的目标是:温室
气体排放量比 1990 年降低 80% ,可再生能源占总终端能源消费比例达到 60% ,
可再生能源占总电力消费比例达到 80% ,初能源消费比 2008 年下降 50% ,电力
能源消费比 2008 年下降 25% ,交通领域能源消费比 2005 年下降 40% 。

从目前的推进情况看,根据国际能源署 2020 年 2 月发布的《2020 德国能源
政策评估》报告,过去十多年德国在可再生能源发电方面获得了显著进展,截至
2018 年可再生能源电力占比已达 37.8% ,提前达到了 2020 年阶段性目标;截至
2018 年可再生能源占总终端能源消费比例为 16.6% ,2020 年阶段性目标有望达
成;但终端用能部门(2017 年住宅和商业部门消费 40% ,工业部门消费 35% ,交
通运输部门消费 25%)的进展差异比较大,尤其是交通部门的能源转型和能效提
升进展落后,截至 2017 年交通部门终端能耗比 2005 年上升 4.3% ,达标无望。
在碳减排方面,截至 2017 年德国温室气体排放比 1990 年减少了 27.5% ,距离
2020 年降低 40% 的阶段性目标差距较大。德国联邦经济和能源部官网指出,
2000 年时,可再生能源仅占德国能源总量的 6% ,预计到 2030 年,可再生能源在
电力消耗中的占比将达到 65% 。①

(二)加大力度推进碳中和

德国早在 1990 年前就实现了碳达峰。从 2000 年至 2019 年,德国的碳排放
强度从 8.544 亿吨降到 6.838 亿吨,降幅近 20% 。② 推进实现"碳中和"是德国
下一步的目标,已经通过法律形式予以明确。

2019 年 9 月 20 日,德国联邦政府内阁通过了《气候行动计划 2030》,并于
2019 年 11 月 15 日在德国联邦议院通过了《气候保护法》,首次以法律形式明确
了德国中长期温室气体减排目标,到 2030 年温室气体排放比 1990 年减少 55% ,
到 2050 年实现净零排放。《气候保护法》为确保德国实现降低碳排放目标提供
了严格的法律框架,该法案明确了农林、工业、能源、建筑、交通等不同部门 2020

---

① 李强:《德国加快能源绿色转型》,《人民日报》2020 年 12 月 1 日。
② 王涵宇等:《德国推进碳中和的路径及对中国的启示》,《可持续发展经济导刊》2021 年第 3 期。

年到 2030 年的刚性年度减排目标,并规定联邦政府部门有监督相关领域完成减排目标的义务,减排目标具有强约束作用。作为落实《气候保护法》的重要行动措施和实施路径,《气候保护计划 2030》将减排目标在建筑和住房、能源、工业、建筑、运输、农林六大部门进行了目标分解,规定了部门减排措施、减排目标调整、减排效果定期评估的法律机制。① 德国政府将碳定价作为实现 2030 年气候目标的有效途径之一,2021 年 1 月 1 日起,全面启动了国家碳排放交易系统,每吨二氧化碳的初始价格定为 25 欧元,此后逐年提升,预计到 2026 年时碳定价将在 55 ~ 65 欧元的价格区间。

2021 年 4 月底,德国联邦宪法法院表示现行《气候保护法》减排目标不足,同时缺乏针对性措施,裁定要求政府必须在 2022 年底前更新气候法律,以确定如何在 2050 年前达到碳中和。在法院裁定推动下,2021 年 5 月 5 日,德国政府宣布了更高的温室气体减排目标,到 2030 年温室气体排放量较 1990 年的下降幅度由之前的 55% 提升至 65%,碳中和完成时间表则从 2050 年提早至 2045 年。北京时间 2021 年 5 月 6 日晚,时任德国总理默克尔在第十二届彼得斯堡气候对话视频会议开幕式致辞时也表示,德国实现净零碳排放即碳中和的时间,将从 2050 年提前到 2045 年。

德国推动碳中和的经验做法对我国具有借鉴意义,王涵宇等概括了德国碳中和政策对我国的启示,包括系统的法律法规和政策设计、系统完备的监督管理机制、积极的能源转型、统一碳排放交易系统、持续的科技研发投入、注重乡村振兴碳中和等内容。②

(三)节能减碳支撑体系建设

一是研发创新支撑。自 1977 年以来,德国先后出台七个能源研究计划,从联邦政府层面推进可再生能源发展。2018 年 9 月,德国联邦通过了《第七期能源研究计划》,计划总投入 64 亿欧元支持多部门通过系统创新推进能源转型,实施

① 王涵宇等:《德国推进碳中和的路径及对中国的启示》,《可持续发展经济导刊》2021 年第 3 期。
② 王涵宇等:《德国推进碳中和的路径及对中国的启示》,《可持续发展经济导刊》2021 年第 3 期。

期限为 2018—2022 年。该项计划由德国联邦经济与能源部、食品与农业部、教研部共同参与实施,其中经济与能源部负责应用研究,农业部负责生物质利用,教研部负责应用导向基础研究。《第七期能源研究计划》提出了进一步完善创新体系的四项举措:利用"应用创新实验室机制"建立用户驱动创新生态系统,加快成果转移转化;聚焦能源转型的跨部门和跨系统问题;加强项目资助与机构资助相结合的双重资助战略;密切与欧洲国家的合作,并注重国际合作。①

二是财税政策支撑。为鼓励投资者和用户采用节能减排技术,税收减免和财政补贴是德国政府比较常用的财税政策工具。比如,在发展光伏的初期,1990 年底德国联邦政府即推出"1000 光伏屋顶"计划,为符合条件的光伏发电系统安装住户提供补贴;1998 年政府又进一步提出了"10 万光伏屋顶"计划,计划六年安装 300～500 兆瓦(MW)光伏系统。2000 年 EEG 颁布实施后,进一步明确了政府补贴方式。为促进传统能源加快转型,德国政府于 1999 年 4 月 1 日出台《启动生态税改革法》,2000 年 1 月 1 日再出台《深化生态税改革法》,自 1999 年至 2003 年分五个阶段逐步开展生态税改革,主要是对油、气、电征税,不同用途或不同品种的燃料采用不同的税率。通过生态税改革,2003 年德国各类燃料的税率分别为:汽油 18.76%,柴油 26.1%,取暖燃油 33.4%,天然气 29.09%,电力 49.76%;生态税收入的 90% 用于补充企业和个人的养老金,10% 用于环保设施的投入。据统计,到 2003 年,生态税改革使德国的企业和个人养老金费率平均降低了 1.7%,二氧化碳排放减少了 2%～3%,能源消耗降低了 6%～7%。据估算,生态税的实施为德国直接带来了 10 万个就业岗位,加上降低劳动力成本带来的效益,约新增 25 万个就业岗位。② 国家发展改革委外事司 2004 年也对德国的生态税改革效果给予了评价,认为起到了降低能源消耗的作用,促进了能源结构优化,有助于改善环境,创造了一定数量的就业岗位。③

---

① 中国科学院武汉文献情报中心研究组:《世界主要经济体能源战略布局与能源科技改革》,《中国科学院院刊》2021 年第 1 期。
② 谢来辉:《德国的生态税改革及其效果》,《中国气象报》2006 年 5 月 23 日。
③ 国家发展改革委外事司:《德国生态税改革见成效》,《中国经贸导刊》2004 年第 11 期。

三是金融政策支撑。德国政府一直非常重视绿色金融实践，早在 1974 年联邦德国政府就推动成立了世界第一家政策性环保银行——德国道德银行（GLS Gemeinschaftsbank），为一般银行不愿意接受的环保工程提供优惠贷款服务；1988 年，德意志联邦共和国金融中心在法兰克福成立，该银行成立目的在于促进生物和生态事业发展，又被称为绿色银行，为世界上第一家绿色银行。1948 年建立的德国复兴信贷银行（Kreditanstalt Fuer Wiederaufbau，简称 KFW）在发展绿色金融上发挥了重要作用，自 20 世纪 70 年代以来该银行一直是德国绿色资金的主要供给者，2011 年 11 月，德国复兴信贷银行宣布将于未来 5 年提供超过 1000 亿欧元资金用于支持德国能源转型。从德国复兴信贷银行执行的实际情况看，据统计，2012—2016 年，德国复兴信贷银行支持能源转型行动计划的资金规模高达 1030 亿欧元。① 德国复兴信贷银行还大力推动节能建筑计划，根据该计划，购房人在购买低能耗房屋时，可向德国复兴信贷银行申请一笔最高达 10 万欧元的特殊低息贷款，固定利率 0.75%，贷款总期限长达 30 年。此外，绿色债券正成为德国发展绿色金融的一种新方式，2020 年 8 月 24 日，德国联邦政府宣布发行绿色债券，当年 9 月首次发行绿色债券（10 年期），共筹得 65 亿欧元资金；同年 11 月，联邦政府又发行了首只 5 年期绿色债券；2021 年 5 月 11 日，德国又发行首只 30 年期绿色债券，发行规模 60 亿欧元。

三、日本绿色发展政策

（一）大力推动循环经济发展

20 世纪 90 年代以来，日本政府将发展循环经济作为经济转型的重要方向。1993 年 11 月 19 日，日本颁布《环境基本法》，被认为是"环境法令中的宪法"，确立了环境保护的基本理念、措施和法律基础。根据《环境基本法》，日本政府于 1994 年 12 月制定了《环境基本计划》，首次提出实现以循环为基调的经济社会体

---

① 曲洁等：《德国复兴信贷银行发展绿色金融的经验与启示》，《中国经贸导刊》2019 年第 11 期。

制。① 1997 年日本通产省产业结构协会提出《循环型经济构想》,旨在构建循环型社会体系;1998 年日本政府制定"新千年计划",正式把循环经济作为 21 世纪日本经济社会发展的目标;2000 年 5 月 26 日,日本国会通过内阁于 4 月份提交的《循环型社会形成推进基本法》,将建立循环型社会提升为日本的基本国策。

2002 年 1 月,日本政府将环境厅升级为环境省,除了继续履行原环境厅的职能外,还将废弃物管理职能统一划归环境省。2003 年 3 月,根据《循环型社会形成推进基本法》,日本环境省第一次制定了《循环型社会形成推进基本计划》,该项计划每五年修订一次,先后于 2008 年、2013 年和 2018 年进行了三次修订,2018 年的修订版本即《第 4 次循环型社会形成推进基本计划》于当年 6 月 19 日公布。2007 年 5 月 29 日,日本"21 世纪环境立国战略特别部会"向内阁会议提出了制定《21 世纪环境立国战略》的建议;同年 6 月 1 日,日本内阁经济财政咨询会议审议通过了该项建议,公布了《21 世纪环境立国战略》,由此,日本环境保护被推向了一个新的发展阶段。

(二)推出碳中和目标及路线图

早在 2004 年 4 月,日本环境省设立的全球环境研究基金就成立了"面向 2050 年的日本低碳社会情景"研究计划,2008 年 5 月,项目组对外发布了《面向低碳社会的 12 大行动》,涉及住宅部门、工业部门、交通部门、能源部门以及交叉部门。

2020 年 10 月,日本政府正式宣布了"到 2050 年实现碳中和"的目标;2020 年 12 月 25 日,日本经济与产业省推出《2050 年碳中和绿色增长战略》(简称《绿色增长战略》),提出将制定预算、税制、金融、规制改革、标准化与国际合作方面的一揽子措施,促进民间企业积极投资并参与国家经济与社会的绿色发展。②

《绿色增长战略》确定了 14 个重点产业领域,包括海上风电、氨燃料、氢能、

---

① 2000 年 12 月和 2006 年 4 月,日本政府又先后制订了《第二次环境基本计划——走向环境世纪的方向》和《第三次环境基本计划——从环境开拓走向富裕的新道路》。

② 张丽娟、刘亚坤:《日本制定绿色发展战略 到 2050 年实现碳中和》,《科技中国》2021 年第 5 期。

核能、汽车和蓄电池、半导体和通信、船舶、交通物流和建筑、食品与农林水产、航空、碳循环、下一代住宅以及商业建筑和太阳能、资源循环、生活方式相关产业，给出了每个产业具体的发展目标和重点任务①，该战略被视为日本 2050 年实现碳中和目标的进度表。

2021 年 5 月 26 日，日本国会参议院正式通过修订后的《全球变暖对策推进法》，以法律形式明确了日本政府提出的到 2050 年实现碳中和的目标，该法于 2022 年 4 月实施。

第三节　绿色发展政策现实难题

从全球绿色发展政策的历史沿革和现实表现来看，应该承认世界范围内各主要经济体在政策制定和实施层面均做出了努力。整体上看，伴随着绿色发展理念成为全球环境治理共识，绿色发展政策日益受到重视，从政策的顶层设计到落地执行，从政策的组织机构整合到制度的多元互补，都有了长足的进步。从实效性上看，绿色发展政策体系一定程度上为应对全球气候变化做出了积极贡献。绿色发展政策所倡导的绿色低碳发展、绿色清洁生产、绿色生活方式正有序推进，与此同时，世界范围内现有的绿色发展政策依然存在一些亟待解决的问题，绿色发展政策体系的构建依然任重道远。

首先，全球范围的绿色发展政策依然缺乏连贯性和约束性，主要表现为绿色发展政策多停留在理论和制度层面，实践层面面临发展难题和民族主义冲击。从联合国第一次人类环境会议开始，环境保护、可持续发展、绿色低碳理念陆续

---

① 14 个重点产业领域的发展目标和重点任务可以参见 CAS Energy《日本〈绿色增长战略〉:2050 碳中和的 14 个小目标》一文。

形成,人类对人与自然关系的协调、对全球气候变化问题的关心和对全球环境治理理论的呐喊从未有过如此大规模、大程度的重视,关于绿色发展政策的理论探讨和制度架构也从未像今天一样体系化和多样化。但必须承认的是,绿色发展政策在发达国家和发展中国家都面临着实践难题,即环保与发展之间的博弈,发展权与环保责任的博弈,大国责任担当与民族主义的博弈。作为发达国家,在发展阶段和世界分工层面都具有优先性,因而其绿色发展政策较之于发展中国家更为成熟和优越,为此,世界范围内绿色发展政策就存在标准是否公平的考验。更为严重的是,2008 年金融危机之后,欧美国家逆全球化思潮迭起,民族主义和单边主义盛行,使得绿色发展政策的国际性大打折扣。世界范围内一些大国在全球气候问题上恪守狭隘的民族主义,把本民族的发展权建在了其他国家民族丧失发展权的基础上,这些都成为绿色发展政策执行过程中的消极因素,也成为制约全球环境治理的现实阻碍。

其次,绿色发展政策以自上而下的顶层设计居多,缺乏对自下而上绿色发展经验的关注,主要表现为绿色发展非政府组织和非官方专业人士的参与有待提高。绿色低碳发展和全球环境治理是一场人类生产方式、生活方式、消费方式、思维方式和治理方式的革命,其最终效果如何有赖于全人类的共同参与。为此,绿色发展政策的制定除了采取自上而下的顶层设计方式之外,同样应该以多种方式吸纳民智,进而提升绿色政策的科学性和针对性。但遗憾的是,尽管一些国家在制定绿色发展政策的过程中会选择多样化的渠道获取专家意见,但整体来看绿色发展政策依然缺乏对自下而上绿色发展经验的关注。一方面,较之于中央政府而言,地方政府制定绿色发展政策的积极性不高;另一方面,由于权益保障机制不成熟,一些与绿色发展政策直接相关的个体利益者、消费者未获得充分的发言权,这势必会对绿色发展政策的公信力造成冲击,这在西方绿色发展政策的历史沿革中已有所显现。此外,因为违法成本低和违法企业信息披露机制、信用评级机制和联合惩戒机制不健全,企业参与制定绿色发展政策的积极性不高。如在环保税方面就存在问题,即由于排污费征收标准较低,一部分企业宁愿缴纳排污费也不参与环境治理。另外,在企业所得税和增值税方面针对绿色税收的政策力度不够，也不利于企业环保投入。

最后，绿色发展政策统筹协调性不够，主要表现为政策往往由多个部门分散出台，政策的合力作用不明显，以市场为导向的绿色经济政策与行政性政策衔接不够，现有政策的执行力度不足。从发达国家的经验来看，要形成绿色发展政策的合力效果，对各个相关职能部门的系统整合和政策之间的协调推动是必由之路。法国和德国都曾致力于绿色发展政策部门的整合，通过提升部门的职能和权限解决绿色发展政策力量不足的难题。从中国绿色发展政策的历史沿革来看，政策的协调性和执行力以及长效机制还存在短板，表现为落实绿色低碳发展改革和生态文明建设的配套政策和机制有待完善，"部门间、不同层级间生态环保职责有待进一步明晰，流域监督管理局、区域环境督查局、派出机构与地方环境执法之间的分工、协调联动机制有待进一步完善"①。同时现有绿色政策制度部分存在与生态文明建设目标不一致的情况，即现行的政策标准滞后于绿色低碳发展终极目标。绿色发展政策执行情况方面主要存在的问题是精细化执法尚未制度化落地，特别是绿色税收政策和金融政策的执行标准仍有提升空间，而且在政策执行的过程中存在主导化倾向和自由裁量规范不足问题，一些绿色发展领域的执行标准和监管还停留在研讨论证阶段。

---

① 董战峰等：《国家"十四五"生态环境政策改革重点与创新路径研究》，《生态经济》2020 年第 8 期。

第九章 绿色发展理念下推动环境治理的政策思考

绿色发展是在发展理念、发展方式上的根本转变,是一项全方位、系统性的绿色变革。新时代推动绿色发展,需要以习近平生态文明思想为指引,持续健全绿色发展政策体系;在治理方式上要充分利用以大数据为代表的新一代信息技术,推进智慧化治理体系建设;在具体的工作中,要差别化探索经济社会全面绿色转型生动实践,全方位立体化推进污染防治攻坚战。通过不懈努力,积极为人类社会构建人与自然生命共同体贡献中国力量。

第一节 绿色发展下环境治理的政策方向探讨

一、谋划长远规划和战略安排,夯实绿色发展政策的战略性

绿色发展是事关现代化成败的战略性理念和安排,只有强化顶层设计与长远规划,才能够真正提升其战略性,发挥示范引领作用。这就需要国家层面"编制绿色发展总体规划,明确绿色发展总体目标,确定绿色发展的主要任务和工作重点，即打造绿色生产体系、创建绿色消费体系和建设绿色环境体系"①。此外，地区、行业和有关部门也要编制绿色发展专项规划，不断强化绿色发展政策的整体设计。从内容体系上看，绿色发展政策涉及环保领域的绿色政策、能源领域的绿色政策、建筑领域的绿色政策、垃圾分类领域的绿色政策以及三大产业领域的绿色政策，包括了绿色财政政策、绿色税收政策等。从作用体系上看，绿色发展政策涉及生态环境保护政策、绿色发展管控政策、绿色发展问责政策以及评估考核政策。从性质上看，绿色发展政策涉及行政命令式、市场调控式和政策引导式。这就需要在绿色发展政策的安排上注意政策的整体性和协同性，提高政策的战略性和引导性。同时要不断强化政策革新意识，提升政策革新能力，通过参与国际对话和号召广泛利益群体，不断在原则、目标和方向等角度革新绿色发展政策，使其能够真正适应国家绿色低碳发展的现状并发挥政策引领作用。

二、细化配套制度和法治建设，拓展绿色发展政策的层次性

绿色发展政策的实施需以完善的配套制度和法治为保障，这样才能够提升其威慑力，发挥政策的应有作用。目前来看，绿色发展政策一定程度上存在着执行力不够、合力性欠缺、约束力不强等问题，这就需要细化绿色发展政策的配套制度，推进绿色发展政策的法治化建设，建立起包括政策、制度和法律在内的绿色发展政策系统，多层次的政策系统互相配合、互相作用。一方面，绿色发展的信息共享制度和多部门协调沟通制度要完善，保证绿色发展状况的信息可以及时流通和多方联动，以尽最大可能及时发现问题并进行正常调整；另一方面，要构建统一的执行标准，以推进政策实施，这里涉及行业标准、检测标准、奖罚标准和准入标准等，特别是生态环境检测制度、绿色税收制度和绿色金融制度应该统一。同时，还要强化绿色发展政策的法治化建设，以法治的力量助推绿色发展，既"需要进一步完善生态环境法律法规体系，鼓励指导地方因地制宜开展相关立法和标准制定工作"②，如国家和地区生态环境相关法律法规，生态环境损害赔偿

① 陈文玲、周京：《加快建立我国绿色发展的公共政策体系》，《商业时代》2012年第35期。
② 董战峰等：《国家"十四五"生态环境政策改革重点与创新路径研究》，《生态经济》2020年第8期。

制度和公民环境诉讼权司法建设,也需要不断强化各行业的生态环境绿色发展立法,既要有行业性的环保立法,也要有整体性指导性的环保立法。

三、强化调查研究和公众参与,提升绿色发展政策的针对性

问题意识和现实导向是公共政策制定的基本原则,也是提升公共政策针对性、可行性的前提。没有调查就没有发言权,离开对于绿色发展现状、绿色低碳阻碍因素、现行绿色发展政策问题的系统性调查研究,就不可能制定出更具科学性和针对性的绿色发展政策。从以往的绿色发展政策情况来看,一定程度上存在着缺乏大量实证考察和量化分析就匆匆出台的政策,因而在实践中就无法真正推动绿色发展,甚至影响公众对政策及政策制定部门的印象,使得绿色发展理念的公信力大打折扣。为此,新时代绿色发展政策的制定,必须强化政策制定主体部门的责任,以责任意识助推调查研究,以调查研究提升政策的可行性和针对性。同时,为了切实使绿色发展政策真正发挥绿色作用,真正使公众和企业愿意接受和执行,应在政策制定环节充分尊重和考虑公众与企业的意见,这就要求政策制定部门通过各种手段充分引导公众参与政策制定的建议,发达国家通常把公众参与作为绿色发展政策和制度制定的重要环节。我们可以更新绿色教育内容和构建绿色教育体系,培养绿色发展人才队伍,为推进绿色发展奠定人才基础。此外,"中国环境政策革新过程应当借鉴绿色发展国家的'共识会议'等公众参与形式,以不同方式促进政治决策者、环境政策革新者与技术专家、企业革新者之间的利益协商与政策合作,加强政府决策者、企业革新者与社会公众、非政府组织的价值商谈与对话共识,提高环境政策革新的社会接纳度,减少环境政策革新的利益冲突和社会成本,令环境政策革新成为全球化时代引领经济现代化的发动机,令环境革新竞争成为国家综合国力竞争的重要方面"[①]。

四、优化评估考核和执行反馈,落实绿色发展政策的实效性

绿色发展政策作为推动绿色低碳发展的制度设计,政策本身的科学性和合理性成为制约绿色发展能否实现的基本前提。为此,对绿色发展政策展开评估

① 舒绍福:《绿色发展的环境政策革新》,《改革》2016 年第 3 期。

就至关重要,这种评估包括政策制定之前的决策评估、执行中的评估和政策执行之后的反馈评估。决策性的评估的核心是经济效益和环境效应,以及边际成本问题;执行中的评估核心是政策实施中遇到的问题与改进方向,重点是及时的动态调整;执行后的评估关键是反馈与问责。

首先在理念上要重视绿色发展政策的评估考核环节,这是公共政策过程中的一个重要环节,既是对政策科学性的再把握,也是政策后续修订的基础和依据。其次,要掌握科学的评估反馈方法和程序,这是决定政策评估效果的关键。要制定评估反馈方案,确立评估反馈原则,设计评估反馈指标,开展评估反馈工作,收集评估反馈材料,通报评估反馈情况,开展评估反馈整改。这是绿色发展政策评估考核环节的基本流程,也是影响绿色发展政策整体效果的必要环节。再次,组建多元评估反馈主体和开展立体化评估反馈工作,探索第三方评估机制。现有绿色发展政策在评估反馈环节存在的问题主要是评估主体的单一化和评估形式的单调性,导致评估水平和质量有待提升。为此,在评估主体的构成元素上,既要坚持政府主导,又要注意吸取专家学者和非政府组织、社会企业的参与,确保评估组织成员的多元化,以最大可能保证评估的公平公正。在评估形式上,既要内部评估又要采用吸引社会公众参与的外部评估,最终在内部和外部评估的共同考量中给出评估结果。最后,还要强化评估能力建设和评估技术培训,强化物联网、云计算和遥感技术等新评估技术的研究,周期性的考核评估主体和专家的评估能力。

第二节　充分利用大数据助推环境治理

充分借助新一代信息技术加快提升环境治理能力,积极推动物联网、人工智能、大数据、区块链等技术在环境治理领域的应用,提升生态环境治理的精准性,促进绿色治理朝智慧化方向发展。

一、大数据助推环境治理能力现代化的路径

利用大数据助推环境治理能力现代化,一方面能够通过技术手段有效驱动政府主导能力的现代化;另一方面,能驱动政府部门之间、政府与其他环保主体之间以及其他环保组织之间协同治理能力的现代化。在政府主导下,多元主体参与并通过大数据平台形成开放的协同治理网络关系,共同实现"1 + 1 > 2"治理效能的提升。

（一）大数据驱动政府主导能力现代化

其一,治理理念现代化。大数据本质上是一场管理方式变革,大数据技术的产生将环境治理决策带入数据密集范式,即"第四范式"。在这种范式下,以数据驱动为中心的新思维和数据驱动治理理念占据主导地位,带动政府环境治理从粗放型、经验性、被动响应模式向精细型、科学性和主动预见模式转变。

其二,治理决策科学化。在信息不充分的情况下,政府的决策行为只是基于有限理性的判断,环境数据和信息也存在滞后、阻塞等问题,难以及时、准确全面地为科学决策提供支持。大数据一方面广泛采集企业、民众、社会等各方面的数据,保证数据来源的全面性;另一方面基于这些海量数据,利用先进仿真模拟工具进行更加合理的仿真模拟,以此为政府决策提供全面、及时、有效的数据支撑,促进政府环境治理决策的科学化。

其三,治理方式智能化。大数据时代的环境治理正以"智能化"重塑治理模式。人工智能系统将采集到的数据传输到"云端",环境监管者就可以动态捕捉环境的细微变化,定量监测环境复合影响因素及其影响进程,实时做出环境管制反应。比如,在大气污染防治领域,齐鲁软件园的扬尘防治智能监控平台,不仅能够5分钟刷新一次,提供动态的环境大数据,还能在千里之外遥控,让远方的渣土场实现自动喷淋降尘。

其四,治理目标精准化。在高度复杂性和高度不确定性的环境下,政府通过分析人的活动、地理气象资料等历史数据,借助大数据平台全面评估污染状况,可以大大提高污染防范和治理的精准性。在监管过程中,利用智能监测系统和大数据处理分析技术快速精准识别排放异常或超标情况,并智能化分析其产生原因,既使得环境管理者可以对污染源进行精准的动态监管,也使得治理目标精准有效。

(二)大数据驱动协同治理能力现代化

一是提升纵向协同效率。从纵向来看,包括环保部门在内的政府部门纵向的关系主要是自上而下层层下达行政指令和下发政策文件,再自下而上汇报工作开展及政策执行落实情况。在上下级沟通联系过程中,可能因主客观原因造成信息失真或传递的时效性差。可以通过构建一体化的大数据管理中心,将全国各地环保系统纳入其中,由点到面,全面掌握各地的环境状况及治理动态,有效规避信息传递时效性差以及部分地区存在的数据信息隐瞒行为,以技术手段弥补传统行政沟通方式的不足,促进行政系统纵向的高效协同。

二是拓展横向协同范围。大数据在跨部门和跨行政区域的横向协同治理方面也具有较大的优势。环境治理不仅需要环保部门的努力,更涉及众多的关联部门和组织。环境大数据可以将环保领域采集的数据同发改、工信、工商、税务、质监、商务等部门有关污染源企业的信息以及企业自行上报的信息和群众举报的信息综合起来,建立生态环境治理的大数据基础信息库,并借助数据挖掘及分析工具进行跨部门的数据关联分析。在此基础上,通过信息资源在各相关部门共享的形式解决跨部门协同治理的数字鸿沟,更好地发挥部门联动效应,持续提升生态环境跨部门协同治理的水平。生态环境保护还是一个跨越行政界线的现实问题,地方政府之间可以构建相互协同的环境治理大数据平台,通过信息共享和协作沟通,使大数据真正成为高水平合作治理的有效手段,京津冀推进生态环境治理一体化的实践就是比较典型的例子。

三是构建多元主体协同治理体系。传统的环境治理模式是一种自上而下的单向管控,在治理过程中企业和民众往往作为被治理方。大数据具有开放性,可以被环境相关主体共同利用。对政府而言,大数据可以提供全面的环境数据,为环境政策制定和实施提供坚实的数据支撑和技术保障;对企业而言,大数据可以提供关于企业生产活动各个环节的能耗及污染排放情况,帮助企业控制降低污染排放和处理成本;对于环保民间组织而言和公众而言,大数据既可以帮助他们及时准确了解周边的环境状况,也可以为他们提供表达环境建议或诉求的服务平台,保障他们对环境信息的知情权、建议权和监督权。大数据的这种开放性,使其能够整合多方资源,利用技术手段将环境问题完整客观地呈现出来,并通过多元主体的有效参与共同协作找到切实可行的解决方案,由此变一元应对的单向治理为多元主体共同参与的协同治理。

二、利用大数据推动环境治理现代化的实施原则

推进大数据在生态文明建设领域的应用也面临体制约束、技术约束、人才约束以及安全约束等一系列现实的制约因素。在大数据不断发展且其应用范围及深度不断拓展的趋势下,我们应坚持开放共享、专业发展、多元共治、双重安全等实施原则,不断突破约束,充分利用大数据加快推动环境治理现代化。

(一)坚持开放共享

一是思想开放。我国改革开放的成功实践离不开解放思想,利用大数据推动生态环境治理的变革首要的工作也是解放思想,牢固树立数据开放与共享新思维。一方面,着力培养公职人员尤其是与环保工作直接相关的公职人员的大数据意识和数据开放思维;另一方面,培养环保大数据共建共享的社会氛围,把大数据的思维根植到每一个人的思维方式中,培养普及环保治理的大数据理念。二是数据共享。数据资产的最大优势在于边际成本几乎为零。一则要在环保部门内部打破业务、区域条线的限制,打破在不同部门之间存在的数据保护,创新工作机制和管理模式;二则应在环保部门之外建立一定的机制,保证与社会、企业进行数据共享,注重数据开放的及时性和价值性。此外,还应构建基于大数据和云计算为基础的从上到下一体化的大数据中心,对目前分散的数据进行归拢和合并,持续完善大数据平台建设,以优质数据夯实工作基础。

(二)坚持专业发展

一是发展专业技术。对于海量的数据,要采用专业的硬件设备进行采集,构建完善的网络系统对海量数据进行存储,还需要使用高效的计算设备和先进的分析工具对数据进行处理分析,这些都需要以专业的技术为支撑。二是培养专业人才。大数据是近年来兴起的一个新行业,其在环保领域的应用更是一个新事物,在客观上需要一支既懂技术又懂业务的人才队伍作支撑。而在目前的实践中,非政府部门的大数据专业人才能够把握大数据技术的特点及其发展趋势,但对政府部门的工作流程和运作机制不够熟悉,而长期在环保部门工作的人员短时间内难以掌握大数据技术,如何实现两者的有效结合是一个现实问题。一方面,大数据技术部门应当健全自身的培训体系,在开展常态化专业技术知识学习培训的同时,引入生态环境方面的理论和实务知识;另一方面,针对环境治理领域人员开展定期或不定期的大数据专业知识培训,不断提升他们应用大数据进行管理和分析的能力。由此围绕大数据和环境保护打造一支高素质复合型专业人才队伍,为环境治理现代化转型提供人才保障。

(三)坚持多元共治

环境治理既是公共政策的重要组成部分,也与每一个人的日常生活息息相关,最佳的治理方式就是在政府主导下多元主体共同治理,这应成为一个长期坚持的原则。加快构建多元主体有效参与的环境治理体系,通过相应政策措施积极引导企业以市场化机制广泛参与,并打造相关政府部门、社会组织和个人有效参与的氛围和平台,加快实现从末端治理为主向源头预防为主转变,从源头上解决环境污染问题。可以从大数据平台的搭建和动态调整完善入手,整合政府相关部门、环保组织、电信运营商、互联网公司等力量共同建立国家级生态环境大数据平台,先纳入各级各类组织,再适时将个人纳入,形成各类主体充分参与、数据极其丰富的基本格局,为环境治理多元共治体系建设奠定平台和数据基础。

(四)坚持双重安全

推进大数据在环境治理领域的应用,必须高度重视数据安全问题,科学解决这一问题,大数据才能真正成为助推环境治理现代化的利器。一方面是技术层面的安全,包括数据储存安全、处理分析工具安全有效,这方面主要通过先进安全技术的开发及不断升级,防范潜在隐患和漏洞,防止数据丢失或被篡改;另一方面是管理层面的安全,包括数据来源可靠、数据能得到及时科学的分析以及能够被规范利用,以及对个人隐私信息的保护,这方面可以通过法律、行政、标准化以及社会诚信环境建设等综合方式不断加以完善。通过技术安全和管理安全双重建设，为大数据在生态环境领域的长期深度有效应用提供安全保障。

第三节 全面推动经济社会绿色转型

党的十九届五中全会在深刻把握中国经济社会发展时代特征、新要求以及人与自然辩证关系的基础上，提出"促进经济社会发展全面绿色转型"的新命题，指出了新时代推进生态文明建设的基本路径，也要求我们要深刻理解并在实践中不断丰富完善经济社会发展全面绿色转型的内涵，形成经济社会全面绿色转型的生动实践。

一、持续深化对全面绿色转型内涵的理解

促进经济社会发展全面绿色转型是发展路径的一场系统性变革，涉及社会生产过程各个环节以及经济社会发展各个领域，就其主要内容和实现方式而言，至少包括以下几方面。

其一，以发展绿色技术为先导。科学技术是先进生产力的重要标志，是推动经济社会发展的强大杠杆。2019 年我国科技进步贡献率已经达到 59.5%，2020 年超过 60%，科学技术已经成为引领我国经济社会发展的第一动力，促进经济社会发展全面绿色转型的第一动力也是科学技术。绿色技术就是最大限度地降低消耗、减少污染、改善生态，有利于实现人与自然和谐共生的新兴技术体系，主要包括节能环保、清洁生产、清洁低碳能源、生态修复等领域。

其二，以绿色生产生活方式为主要内容。党的十九届五中全会明确"降低碳排放强度，支持有条件的地方率先达到碳排放峰值，制定 2030 年前碳排放达峰行动方案"，以及"推进资源总量管理、科学配置、全面节约、循环利用"，表明节能减排仍是推进绿色发展的重点工作，未来十年内将逐渐过渡进入碳排放总量下降阶段。当前我国能源消耗和碳排放仍主要集中在工业领域，推行绿色生产方式尤其是工业领域的清洁生产是绿色转型的重中之重。绿色生活方式是另一项主要内容，指人们在生活中尽量减少能量消耗和含碳物质尤其是二氧化碳的排放量，从而减少对大气的污染。绿色生活涉及绿色消费、绿色出行、绿色居住等领域，开展绿色生活创建活动、实施国家节水行动、推行垃圾分类和减量化等都是践行绿色生活方式的具体体现。

其三，以绿色治理和绿色生态系统建设为基本手段。生态环境治理体系和治理能力现代化既是国家治理体系和治理能力现代化的重要组成部分，也是建设人与自然和谐共生的现代化的内在要求，其关键在于建立健全以自然为本的绿色治理体系，以及不断提升绿色治理能力。以自然为本与坚持以人民为中心的发展思想并不冲突，强调尊重自然、顺应自然、保护自然，在科学把握人与自然辩证关系和自然界客观规律的前提下，以人民的根本利益为出发点和归宿谋求可持续发展，是人与自然和谐共生的具体体现。绿色治理是对"先污染后治理""边治理边污染"传统模式的摒弃，注重从源头上减少污染，减少污染治理的社会成本。绿色生态系统建设与绿色治理相辅相成，核心是"提升生态系统质量和稳定性"，构筑经济社会可持续发展的绿色生态屏障。

其四，以绿色发展制度体系建设为保障。经济社会发展全面绿色转型不会自动实现，必须依靠制度保障，核心是强化绿色发展的法律和政策保障。近年来，我国已经建立中央生态环境保护督察制度与生态补偿机制、多污染物协同控制和区域协同治理机制，以及与环境污染防治相关的一系列法律、政策和举措，未来将持续强化和完善已有的制度，并将根据需要建立新的制度，如建立地上地下、陆海统筹的生态环境治理制度，建立水资源刚性约束制度，等等。

二、差别化探索全面绿色转型的生动实践

国土辽阔、区域差异大是我国的一个基本国情，中央明确"支持有条件的地方率先达到碳排放峰值"蕴含了全面绿色转型的差别化实施机制，在促进经济社会发展全面绿色转型方面，既要牢牢坚持基本的理念、原则，坚持"全国统筹一盘棋"，也需要因地制宜、精准施策，结合地方实际情况，探索多元化、特色化的实践路径。

以京津冀区域为例,加强生态环境保护协同发展早已成为京津冀共识,其联防联控机制也已走在全国前列。在此过程中,北京、天津、河北三省市深入贯彻中央对于京津冀协同发展和生态环境保护的统一要求,在生态环境保护方面协同联动、密切合作,同时各个地方也结合各自资源条件形成了自己的特色。北京市围绕疏解非首都功能和构建现代化经济体系,实现减"量"提"质",不断探索超大城市经济社会发展与生态环境保护相协调的新路径;天津市重点在滨海新区与中心城区中间地带规划建设绿色生态屏障,经过三年的规划建设,已经雏形初现;河北省以雄安新区的开发建设为引擎,积极探索构建新型生态城市。

未来在中央精神和政策的统一指引下,各地可以充分发挥能动性和创造力,形成地方探索经济社会发展全面绿色转型的生动实践,群策群力,协同推动经济高质量发展和生态环境高水平保护,最终实现人与自然和谐共生的现代化。

三、全方位立体化推进污染防治攻坚战

一是深入开展重点领域污染防治行动,建立地上地下、陆海统筹的生态环境立体化防治体系。持续协同推进"保蓝天、保碧水、保净土"污染防治攻坚行动,全面打赢"蓝天、碧水、净土"保卫战。实施跨领域污染的系统治理,加强 $PM_{2.5}$ 和臭氧协同控制,推进面源污染等地表性污染治理与地下水"防沉""防渗"协同治理,强化陆海统筹、河海共治,进一步高质量推动河流水系海洋生态环境质量加快改善。坚持污染减排和生态扩容相结合,环境整治和生态修复相结合,实施一批重点综合环境整治工程,加快综合治理体系建设。

二是充分利用新一代信息技术推进智慧环保建设,完善立体化污染防治技术手段。围绕打好升级版的污染防治攻坚战,加大环境污染领域研发投入,重点突破复合型污染防治关键技术,同时依托技术进步推动污染治理制度体系建设和工作机制创新,做到精准施策、科学治污。充分利用大数据、云计算、人工智能等新一代信息技术为污染防治赋能,加快挥发性有机物(VOCs)自动监测站、地表水质自动监测站等的建设,形成全方位、立体化环保智能监控网络,加强对各类污染源的智能化监测、识别、预警、诊断,同时注重信息数据的安全性,全面提

升污染防治的科学化、精细化、规范化水平。

三是围绕经济发展和环境保护打组合拳，优化立体化污染防治工作方式。以控制和降低污染物排放总量为核心，打好"督、打、建"组合拳，推进产业结构优化升级，积极化解产业发展与环境保护的矛盾，推动两者相协调。各地要深入贯彻落实中央环境保护督察制度，持续完善环境保护督察工作方案，加强对重点污染问题、重点污染地区、重点污染行业、重点污染防治相关部门的督察；进一步严格污染防治执法工作，继续严厉打击涉及生态环境领域的各类违法行为；以生态环保倒逼产业升级，加大力度淘汰落后产能，加快发展新一代信息技术、人工智能、生物医药、新能源、新材料、高端装备与先进制造、节能环保、新型农业、现代服务业等领域，致力于形成产业发展与生态环境改善相互促进、协调发展的新格局。

第四节　加快探索人与自然和谐共生之路

一、围绕"双碳目标"加快建设人与自然和谐共生的现代化

围绕实现"双碳目标"，可以从以下几个方面着手推动节能减碳、绿色发展，加快建设人与自然和谐共生的现代化。

一是持续深化对碳排放与经济增长关系的认识。人类社会进入工业文明以后，在大量消耗化石能源基础上推动工业化和经济发展进程的同时，形成了"碳锁定"效应，碳排放由此成为经济增长过程中的副产品。碳排放是一把双刃剑，既在很大程度上反映了经济活动的规模，又会产生温室效应。碳排放兼有经济效应和环境效应，决定了推动"碳达峰、碳中和"绝非简单地降低碳排放，而是以提升可持续发展能力为导向的一场广泛而深刻的经济社会系统性变革，本质上是发展问题，通过变革从经济体系的内部降低对碳排放的需求，在碳排放和经济

增长之间寻找新的平衡,在维持经济增长前提下推动两者的关系从正相关转向负相关,从实现弱脱钩到进一步实现强脱钩。实现这些转变,要坚持以绿色发展理念为引领,统筹考虑、协同推进经济社会发展与深度减碳脱碳。

二是加快探索深度减碳脱碳的有效路径。围绕实现"双碳目标",形成并持续完善以实施"双控制"和"双优化"为基本手段、以促进经济社会全面绿色转型为基本路径的推动模式。"双控制"即同时对碳排放强度和碳排放总量实施控制,未来将逐渐从以控制强度为主向以控制总量为主转变,部分省市、行业和重点企业将率先实现碳达峰;"双优化"即同时推动产业结构和能源结构的优化升级,以产业结构升级带动能源结构升级,以能源结构升级支撑产业结构升级。全面绿色转型是发展模式的一场系统性变革,涉及生产、分配、流通、消费各个环节,重点是加快节能减碳材料和技术的研发及推广应用、加快用清洁能源和可再生能源替代传统化石能源、加快建立健全绿色低碳循环发展经济体系以及加快在全社会形成绿色生活方式。下一步关键是探索解除对化石能源高度依赖的内在惯性,也即解除"碳锁定"的有效路径。解除"碳锁定"的技术路径应主要着眼于能源供应、消费、排放系统的脱碳革命,重点围绕能源、工业、建筑、交通等关键部门,加快优化能源结构和产业结构,促进结构减排效应的有效发挥;同时,加快建设高水平开放型经济新体制,降低初级产品、低技术产品的出口比例,提升产业国际分工地位,为开放减排效应的发挥创造条件。通过解除"碳锁定"推动"双碳目标"的成功实现,为推进全球碳减排进程贡献中国智慧和中国力量。

三是积极营造有利于实现"双碳目标"的参与机制和社会氛围。充分发挥政府部门的引导作用,在政策制定和实施执行过程中充分尊重和考虑公众与企业的意见,探索建立节约能源、保护生态环境的政府引导、市场主体和公众参与的长效机制,从政府、企业和社会公众三个层面协同推动节能降碳。倡导绿色、低碳的消费理念,引导人们转向节约资源、保护环境和保护消费者健康的消费模式,形成绿色消费观,也有利于从需求端拉动绿色产品的生产。倡导绿色出行,加大城市公共交通基础设施投资建设,加快推进智慧公交系统建设,持续优化公共交通服务水平,加快建设城市自行车道和绿色健身步道,进一步方便广大市民绿色出行。持续完善绿色建设标准体系,大力发展绿色建筑,满足居民绿色居住需求。围绕绿色消费、绿色出行、绿色居住以及节约粮食、垃圾分类、节水节电等主题,以线上线下相结合的方式,广泛开展形式多样的宣传活动,营造有利于实现"双碳目标"的社会氛围。

四是全面完善绿色发展制度体系建设。强化节能降碳、绿色发展的法律、法规和政策保障,例如:制定实施生态保护补偿条例,建立地上地下、陆海统筹的生态环境治理制度,全面实行排污许可制,建立健全多层次碳排放权交易市场体系,完善中央生态环境保护督察制度,等等。探索建立健全支撑"双碳目标"实现的统计核算体系,加强对能源成本和环境成本的精细化核算,将经济活动的能源及环境成本纳入国民经济核算体系,从核算制度的角度强化资源环境对经济活动的硬性约束。构建统一的执行标准,以推进政策实施,涉及行业标准、监测标准、奖罚标准和准入标准等,特别是生态环境监测制度、绿色税收制度和绿色金融制度等的统一。重视"双碳目标"相关政策的评估考核环节,制定科学的评估方案、方法和流程;组建多元评估反馈主体和开展立体化评估反馈工作,探索第三方评估机制;强化评估能力建设和评估技术培训,强化物联网、云计算和遥感技术等新评估技术的研究,周期性的考核评估主体和专家的评估能力。

二、为共同构建人与自然命运共同体贡献中国力量

在对人与自然辩证统一关系全面深刻把握的基础上,着眼于为全人类谋划人与自然和谐共生之道。习近平主席于2021年4月22日在"领导人气候峰会"上发表题为《共同构建人与自然生命共同体》的重要讲话,阐述了构建人与自然生命共同体的理念、原则和推动路径,以及中国为构建人与自然生命共同体所坚持的道路和所作出的承诺。共同构建人与自然生命共同体,既是构建人类命运共同体理念在生态文明建设领域的具体延伸,也是对构建人类命运共同体理念的丰富发展。中国作为共同构建人与自然生命共同体倡议的发起方,积极贡献自身力量是应有之责,也是大国担当的具体展现。

一是积极传播构建人与自然生命共同体的中国智慧,从思想层面贡献中国力量。中华文化是构建中国智慧的文化土壤。中华文化源远流长、博大精深,

"天人关系"是中华传统文化中的一个重要话题,本质上就是人与自然的关系。无论是儒家经典《中庸》中阐述的"赞天地之化育"及"与天地参"观念,还是道家创始人老子在《道德经》中所提出的"道法自然"思想,都蕴含了人与自然和谐的生态智慧,核心要义即主张人与自然和谐共生。中华文化具有很强的包容性,具有求同存异和兼收并蓄的特质,注重自强不息,为人类通过协商合作方式共同探讨应对全球问题提供了文化养分和精神力量。新时代中国特色社会主义建设是构建中国智慧的现实土壤。中国共产党立足于新的建设实践,以满足人的现实需要和长远发展为出发点和归宿,在马克思主义辩证唯物主义自然观基础上,吸纳古今中外人类有关人与自然关系的优秀成果,形成绿色发展理念和兼顾经济发展与环境保护的绿色发展观,丰富发展了马克思主义自然观,不仅服务于自身高质量发展的需要,也是对全人类的贡献。14 亿中国人民是构建中国智慧的群众土壤。在生态文明建设实践中,中国共产党坚持为了群众、相信群众、依靠群众,在党的领导下集中人民群众的无穷智慧,致力于满足人民群众对优美生态环境的需要,通过打好大气、水、土壤污染防治三大攻坚战等具体行动,中国在改善生态完善方面已经取得了显著成效,不少地区因地制宜形成了生态文明建设具体生动的实践模式。下一步,围绕推动全面绿色转型、系统治理、区域协同治理、全流域补偿机制建设、碳达峰等具体的生态文明建设实践活动,我们可以更高水平挖掘凝练并向世界讲好生态文明建设的中国故事,向世界传播构建人与自然生命共同体的中国智慧。

二是全力打造构建人与自然生命共同体的中国样本,从行动层面贡献中国力量。中国幅员辽阔、人口众多,内部不同地区的自然地理环境和经济发展水平差异明显,可以说是世界的一个缩影,中国在推动构建人与自然生命共同体方面的实践探索,对于人类共同体的构建具有直接的借鉴意义。打造"中国样本",关键在行动。中国已经向世界宣布将力争 2030 年前实现碳达峰、2060 年前实现碳中和。在这一总体目标指引下,积极务实系统化的推动工作已经启动,初步形成了以实施"双控制"和"双优化"为基本手段、以促进经济社会全面绿色转型为基本路径、以绿色发展制度体系建设为根本保障的推动模式。

　　三是持续完善构建人与自然生命共同体的中国方案，从制度层面贡献中国力量。习近平主席围绕共同构建人与自然生命共同体提出了中国方案，倡导国际社会做到"六个坚持"：坚持人与自然和谐共生，坚持绿色发展，坚持系统治理，坚持以人为本，坚持多边主义，坚持共同但有区别的责任原则。中国方案根植于中国生态文明建设的现实土壤，同时包括了中国积极参与应对全球气候变化的实践经验，是生态文明理论创新与实践创新的有机结合，为人类共同构建人与自然生命共同体提供了基本参照。我们既要用"六个坚持"指导构建人与自然生命共同体的具体实践，也需要在新的实践中持续完善、丰富发展中国方案。首先是我们要加快生态文明建设顶层设计，全方位提升国内区域层面的环境保护合作水平，高标准做到"六个坚持"，为其在国际社会发挥广泛影响作出表率。以坚持共同但有区别的责任原则为例，这一原则同样适用于国内不同省份、城市之间的合作。一方面，所有省份和城市都要以习近平生态文明思想为指导，深入推进生态文明建设实践，这体现了共同的责任；另一方面，东部省份应主动承担更多的责任，积极向中西部省份提供必要的环保资金、技术和人才支持，城市群、流域内或特定经济区内的中心城市也应向周边城市提供必要的支持，这体现了有差别的责任。其次，我们要更加积极地与国际社会开展交流合作，推动形成利于各方广泛参与、公平参与的合作机制，在此过程中以"海纳百川"的襟怀将其他国家和地区的先进理念和好的做法吸纳进来，助推中国方案的持续完善，促使中国方案在国际层面具有更加丰富的内容、更加强大的影响力和更加旺盛的生命力。

参考文献

［1］ Ang B W. (2015) "LMDI Decomposition Approach: A Guide for Implementation". *Energy Policy*, 86: 233 – 238.

［2］ Bai CQ, Chen YB, Yi X, Feng Ch. (2019) "Decoupling and Decomposition Analysis of Transportation Carbon Emissions at the Provincial Level in China: Perspective from the 11th and 12th Five – Year Plan Periods". *Environmental Science and Pollution Research*, 26: 15039 – 15056.

［3］ Baron, R. M., and D. A. Kenny. (1986) "The Moderator – Mediator Variable Distinction in Social Psychological Research: Conceptual, Strategic, and Statistical Considerations". *Journal of Personality and Social Psychology*, 51: 1173 – 1182.

［4］ Cai, B., C. Cui, D. Zhang, et al. (2019) "China City – Level Greenhouse Gas Emissions Inventory in 2015 and Uncertainty Analysis". *Applied Energy*, 253: 1 – 17.

［5］ Carter, Anne P. (1996) "The Economics of Technological Change". *Scientific American*, 214(4): 25 – 31.

［6］ Cahill SA. (1997) "Calculating the Rate of Decoupling for Crops Under CAP/Oilseeds Reform". *Journal of Agricultuxal Economics*, 48(3): 349 – 378.

［7］ Cheng, B., H. Dai, P. Wang, et al. (2015) "Impacts of Carbon

Trading Scheme on Air Pollutant Emissions in Guangdong Province of China". *Energy for Sustainable Development*, 27: 174 – 185.

[8] Cheng, J., J. Yi, S. Dai, el at. (2019) "Can Low – Carbon City Construction Facilitate Green Growth? Evidence from China's Pilot Low – Carbon City Initiative". *Journal of Cleaner Production*, 231: 1158 – 1170.

[9] Cheng Y, Xu CL, Ren JL, Liu L. (2014) "Atmospheric Environment Effect of Industrial Structure Evolution in Shandong Province". *China Population Resources and Environment*, 24:157 – 162.

[10] Chong CH, Liu P, Ma LW, Li Z, Ni WD, Li X, Song SZ. (2017) "LMDI Decomposition of Energy Consumption in Guangdong Province, China, Based on An Energy Allocation Diagram". *Energy*, 133:525 – 544.

[11] Diakoulaki D, Mandaraka M. (2007) "Decomposition Analysis for Assessing the Progress in Decoupling Industrial Growth from CO_2 Emissions in the EU Manufacturing Sector". *Energy Economics*, 29: 636 – 664.

[12] Dogan E, Ulucak R, Kocak E, Isik C. (2020a) "The Use of Ecological Footprint in Estimating the Environmental Kuznets Curve Hypothesis for BRICST by Considering Cross – section Dependence and Heterogeneity". *Science of the Total Environment*, 723: 138063.

[13] Dogan E, Inglesi – Lotz R. (2020b) "The Impact of Economic Structure to the Environmental Kuznets Curve (EKC) Hypothesis: Evidence from European Countries". *Environmental Science and Pollution Research*. 27:12717 – 12724.

[14] Fujii H, Managi S, Kaneko S. (2013) "Decomposition Analysis of Air Pollution Abatement in China: Empirical Study for Ten Industrial Sectors from 1998 to 2009". *Journal of Cleaner Production*. 59:22 – 31.

[15] Goh T, Ang B W. (2019) "Tracking Economy – Wide Energy Efficiency Using LMDI: Approach and Practices". *Energy Efficiency*. 12: 829 – 847.

[16] Grossman GM, Krueger AB. (1991) "Environmental Impacts of a North

American Free Trade Agreement". NBER Working Paper No. w3914, *National Bureau of Economic Research*, Cambridge.

［17］ Grossman GM, Krueger AB. (1995) "Economic Growth and the Environment". *The Quarterly Journal of Economics*. 2:353 – 377.

［18］ Guo MY, Meng J. (2019) "Exploring the Driving Factors of Carbon Dioxide Emission from Transport Sector in Beijing – Tianjin – Hebei Region". *Journal of Cleaner Production*. 226:692 – 705.

［19］ Han HB, Zhong ZQ, Guo Y, Xi F, Liu S. (2018) "Coupling and Decoupling Effects of Agricultural Carbon Emissions in China and Their Driving Factors". *Environmental Science Pollution Research*. 25:25280 – 25293.

［20］ Hasanov FJ, Mikayilov JI, Mukhtarov S, Suleymanov E. (2019) "Does CO_2 Emissions – Economic Growth Relationship Reveal EKC in Developing Countries? Evidence from Kazakhstan". *Environmental Science and Pollution Research*, 26: 30229 – 30241.

［21］ He XY. (2016) *Decouple – Study Between Economic Growth in China and "Three Wastes" Emissions from Industry*. Harbin Engineering University.

［22］ Hu JX, Guan HY. (2018) "Research on Driving Factors of Wastewater Discharge Based on the STIRPAT Model and Tapio Decoupling Model: A Case in Chongqing". *Environmental Pollution & Control*. 40:355 – 359.

［23］ Katircioglu S, Gokmenoglu K, Eren B. (2018a) "Testing the Role of Tourism Development in Ecological Footprint Quality: Evidence From Top 10 Tourist Destinations". *Environmental Science and Pollution Research*. 25:33611 – 33619.

［24］ Katircioglu S, Katircioglu S. (2018b) "Testing the Role of Urban Development in the Conventional Environmental Kuznets Curve: Evidence From Turkey". *Applied Economics Letters*. 25(11):741 – 746.

［25］ Leal P A, Marques A C, Fuinhas J A. (2019) "Decoupling Economic Growth From GHG Emissions: Decomposition Analysis by Sectoral Factors for Australia". *Economic Analysis and Policy.* 62：12 – 26.

［26］ Li HN, Qin QD. (2019) "Challenges for China's Carbon Emissions Peaking in 2030：A Decomposition and Decoupling Analysis". *Journal of Cleaner Prodcution.* 207：857 – 865.

［27］ Li J, Chen Y, Li Z, et al. (2019a) "Low – Carbon Economic Development in Central Asia Based on LMDI Decomposition and Comparative Decoupling Analyses". *Journal of Arid Land.* 11：513 – 524.

［28］ Li L, Shan YL, Lei YL, et al. (2019b) "Decoupling of Economic Growth and Emissions in China's Cities：A Case Study of the Central Plains Urban Agglomeration". *Applied Energy.* 244：36 – 45.

［29］ Li W, Li H et al. (2016) "The Analysis of CO_2 Emissions and Reduction Potential in China's Transport Sector". *Mathmatical Problems in Engineering.* 1：1 – 12.

［30］ Li W, Sun S, Li H. (2015) "Decomposing the Decoupling Relationship Between Energy – Related CO_2 Emissions". *Nat Hazards.* 79(2)：977 – 997.

［31］ Liang S, Liu Z, et al. (2014) "Decoupling Analysis and Socioeconomic Drivers of Environmental Pressure in China". *Environmental Science & Technology.* 48(2)：1103 – 1113.

［32］ Liddle B. (2015) "What Are the Carbon Emissions Elasticities for Income and Population? Bridging STIRPAT and EKC Via Robust Heterogeneous Panel Estimates". *Global Environmental Change.* 31：62 – 73.

［33］ Liu MZ, Yang JX, Ma D, Ding ZH. (2015) "Spatial Disparity and Factor Analysis of Major Air Pollutant Emissions in China Based on LMDI Methods (in Chinese)". *Resource Science.* 37：333 – 341.

［34］ Lu DQ. (2017) *Relationship and Influencing Factors Research Between Carbon Emissions and Economic Growth in Liaoning.* Dongbei University of Finance and Economic.

［35］ Lu YL, Zhang YQ, Cao XH et al. (2019) "Forty Years of Reform and Opening Up: China's Progress Toward A Sustainable Path". *Science Advances*. 5 (8):1－10.

［36］ Madaleno M, Moutinho V. (2017) "A New LDMI Decomposition Approach to Explain Emission Development in the EU: Individual and Set Contribution". *Environmental Science and Pollution Research*. 24: 10234－10257.

［37］ Marques A C, Fuinhas J A, Leal P A. (2018) "The Impact of Economic Growth on CO_2 Emissions in Australia: The Environmental Kuznets Curve and the Decoupling Index". *Environmental Science and Pollution Research*. 25: 27283－27296.

［38］ Meng M, Fu YN, Wang XF. (2018) "Decoupling, Decomposition and Forecasting Analysis of China's Fossil Energy Consumption From Industrial Output". *Journal of Cleaner Production*. 177:752－759.

［39］ Mikayilov JI, Galeotti M, Hasanov FJ. (2018a) "The Impact of Economic Growth on CO_2 Emissions in Azerbaijan". *Journal of Cleaner Production*. 197: 1558－1572.

［40］ Moutinho V., Santiago R, Fuinhas J. A, Marques A. C. (2020) "The Driving Forces of Energy－Related Carbon Dioxide Emissions From South Latin American Countries and Their Impacts on These countries' Process of Decoupling". *Environmental Science and Pollution Research*. 27:20685－20698.

［41］ Mujtaba A, Jena P K, Mukhopadhyay D. (2020) "Determinants of CO_2 Emissions in Upper Middle－Income Group Countries: An Empirical Investigation. Environmental Ence and Pollution Research", *Environmental Science and Pollution Research*. 27:37745－37759.

［42］ OECD. (2001) *Decoupling: A Conceptual Overview*, Paris.

［43］ OECD. (2002) *Indicators to Measure Decoupling of Environmental Pressure From Economic Growth*. Paris: OECD.

［44］ Qiang Wang, Zhao MM, Li RR, Su M. (2018) "Decomposition and

Decoupling Analysis of Carbon Emissions From Economic Growth: A Comparative Study of China and the United States". *Journal of Cleaner Production*. 197: 178 – 184.

[45] Pan JH. (2012) "From Industrial Toward Ecological in China". *Science*. 336, 1397 – 1397.

[46] Panayotou, T. Empirical Tests and Policy Analysis of Environmental Degradation at Different Stages of Economic Development. International Labour Office, Technology and Employment Programme, Working Paper, 1993, WP238.

[47] Qiang Wang, Zhao MM, Li RR, Su M. (2018). "Decomposition and Decoupling Analysis of Carbon Emissions From Economic Growth: A Comparative Study of China and the United States". *Journal of Cleaner Production*. 197: 178 – 184.

[48] Shen, J. (2008). "Trade Liberalization and Environmental Degradation in China". *Applied Evonomics*. 40, 997 – 10074.

[49] Shuai CY, Chen X, Wu Y, Zhang Y, Tan YT. (2019) "A Three – step Strategy for Decoupling Economic Growth From Carbon Emission: Empirical Evidences from 133 Countries". *Science of the Total Environment*. 646:524 – 543.

[50] Tapio P. (2005) "Towards A Theory of Decoupling: Degrees of Decoupling in the EU and the Case of Road Traffic in Finland Between 1970 and 2001". *Transport Policy*. 12: 137 – 151.

[51] United Nations Environment Programme. The Emissions Gap Report 2020. Nairobi. https://www. unep. org/ emissions – gap – report – 2020.

[52] Wang H, Zhou P. (2018) "Multi – Country Comparisons of CO_2 Emission Intensity: The Production – Theoretical Decomposition Analysis Approach". *Energy Economics*. 74:310 – 320.

[53] Wang JL, Yang YR. (2020) "A Regional – Scale Decomposition of Energy – Related Carbon Emission and Its Decoupling From Economic Growth in China". *Environmental Science and Pollution Research*. 27:20889 – 20903.

[54] Wang M, Feng C. (2017) "Decomposition of Energy – Related CO_2 E-

missions in China：An Empirical Analysis Based on Provincial Panel Data of Three Sectors". *Applied Energy*. 190:772 – 787.

［55］ Wang Q, Zhao M, Li R, Su M. （2018a）"Decomposition and Decoupling Analysis of Carbon Emissions From Economic Growth：A Comparative Study of China and the United States". *Journal of Cleaner Production*. 197:178 – 184.

［56］ Wang SJ, Li CF, Yang LZ. （2018b）"Decoupling Effect and Forecasting of Economic Growth and Energy Structure Under the Peak Constraint of Carbon Emissions in China". *Environmental Science and Pollution Research*. 25:25255 – 25268.

［57］ Wang YH, Xie TY, Yang SL. （2017）"Carbon Emission and Its Decoupling Research of Transportation in Jiangsu Province". *Journal of Cleaner Production*. 142:907 – 914.

［58］ Wang H, Zhou P. （2018a）"Multi – Country Comparisons of CO_2 Emission Intensity：The Production – Theoretical Decomposition Analysis Approach". *Energy Economics*. 74:310 – 320.

［59］ Wen L, Zhang ZQ. （2019）"Probing the Affecting Factors and Decoupling Analysis of Energy Industrial Carbon Emissions in Liaoning, China.. *Environmental Science and Pollution Research*. 26(14):14616 – 14626.

［60］ Wu R, Liu F, Tong D et al. （2019）"Air Quality and Health Benefits of China's Emission Control Policies on Coal – Fired Power Plants During 2005 – 2020". *Environmental Research Letters*. 14: 094016.

［61］ Wu Y, Zhu QW, Zhu BZ. （2018）"Decoupling Analysis of World Economic Growth and CO_2 Emissions：A Study Comparing Developed and Developing Countries". *Journal of Cleaner Production*. 190:94 – 103.

［62］ Wu YQ. （2017）*Study on the Decoupling Relationship Between Economic Growth and Environmental Pollution in Beijing – Tianjin – Hebei Region*. Yanshan University.

［63］ Xia HH, Ding L, Feng K, Liu C. （2017）"Atmospheric Pollution Effects in the Process of Industrial Development of the Yangize River Economic Belt During 1996—2013". *Resources and Environment in the Yangtze Basin*. 26:1057 – 1067.

［64］　Xia HH, Ding L, Yang SW, Wu AP. （2020） "Socioeconomic Factors of Industrial Air Pollutants in Zhejiang Province, China: Decoupling and Decomposition Analysis". *Environmental Science and Pollution Research*. 27:28247 – 28266.

［65］　Xie PJ, Gao SS, Sun FH. （2019） "An Analysis of the Decoupling Relationship Between CO_2 Emission in Power Industry and GDP in China Based on LMDI Method". *Journal of Cleaner Production*. 211:598 – 606.

［66］　Xu CL, Cheng Y. （2016） "The Action of Environmental Regulation on Industrial Structure Adjustment and Atmospheric Environment Effect Under the New Normal in Shandong Province". *Natural Resource Journal*. 31:1662 – 1674.

［67］　Zhang LN, Chen DH, Peng S, Pang SP, Li FJ. （2020） "Carbon Emissions in the Transportation Sector of Yangtze River Economic Belt: Decoupling Drivers and Inequality". *Environmental Science and Pollution Research*. 27:21098 – 21108.

［68］　Zhang SQ, Wang JW, Zheng WL. （2018） "Decomposition Analysis of Energy – Related CO_2 Emissions and Decoupling Status in China's Logistics Industry". *Sustainability*. 10:1 – 21.

［69］　Zhang YJ, Da YB. （2015） "The Decomposition of Energy – related Carbon Emission and Its Decoupling With Economic Growth in China". *Renewable & Sustainable Energy Review*. 41:1255 – 1266.

［70］　Zhao XR, Zhang X, Li N, Shao S, Geng Y. （2017） "Decoupling Economic Growth From Carbon Dioxide Emissions in China: A Sectoral Factor Decomposition Analysis". *Journal of Cleaner Production*. 142:3500 – 3516.

［71］　Zhao X. （2019） "Study on the Decoupling Relationship Between Air Pollution and Economic Growth and It Influencing Factors". *Journal of Taiyuan University of Technology* （Social Science edition）, 27（4）: 49 – 55.

［72］　Zhao YL, Kuang YQ, Huang NS. （2016） "Decomposition Analysis in

Decoupling Transport Output From Carbon Emissions in Guangdong Province, China". *Energies*. 9：1－23.

［73］ Zhou P, Ang B W.（2008）"Decomposition of Aggregate CO_2 Emissions：A Production－Theoretical Approach". *Energy Economic*. 30：1054－1067.

［74］ Zhu XP, Li RR.（2017）"An Analysis of Decoupling and Influencing Factors of Carbon Emissions From the Transportation Sector in the Beijing－Tianjin－Hebei Area, China". *Sustainability*. 9：722.

［75］ 安淑新：《促进经济高质量发展等路径研究：一个文献综述》，《当代经济管理》2018 年第 9 期。

［76］ 艾小青、陈连磊等：《空气污染排放与经济增长的关系研究——基于中国省际面板数据的空间计量模型》，《华东经济管理》2017 年第 3 期。

［77］ 蔡丽红：《浅谈天津市工业绿色发展路径》，《资源节约与环保》2019 年第 5 期。

［78］ 蔡玉胜、吕静韦：《基于熵值法的京津冀区域发展质量评价研究》，《工业技术经济》2018 年第 11 期。

［79］ 陈林、伍海军：《国内双重差分法的研究现状与潜在问题》，《数量经济技术经济研究》2015 年第 7 期。

［80］ 陈楠、庄贵阳：《中国低碳试点城市成效评估》，《城市发展研究》2018 年第 10 期。

［81］ 陈诗一、陈登科：《雾霾污染、政府治理与经济高质量发展》，《经济研究》2018 年第 2 期。

［82］ 陈文玲、周京：《加快建立我国绿色发展的公共政策体系》，《商业时代》2012 年第 35 期。

［83］ 陈向阳：《环境库兹涅茨曲线的理论与实证研究》，《中国经济问题》2015 年第 3 期。

［84］ 陈玉山：《基于 EKC 的城市化和污水排放实证研究——以中国东部省级面板数据为例》，《河海大学学报（哲学社会科学版）》2018 年第 4 期。

［85］ 董战峰、李红祥,葛察忠：《基于绿色发展理念的环境经济政策体系构建》,《环境保护》2016 年第 11 期。

［86］ 董战峰、葛察忠等：《国家"十四五"生态环境政策改革重点与创新路径研究》,《生态经济》2020 年第 8 期。

［87］ 董直庆、王辉：《环境规制的"本地—邻地"绿色技术进步效应》,《中国工业经济》2019 年第 1 期。

［88］ 窦晓冉：《推动绿色发展的税收政策选择》,《市场研究》2018 年第 3 期。

［89］ 杜雯翠、张平淡：《新常态下经济增长与环境污染的作用机理研究》,《软科学》2017 年第 4 期。

［90］ 杜宇、吴传清、邓明亮：《政府竞争、市场分割与长江经济带绿色发展效率研究》,《中国软科学》2020 年第 12 期。

［91］ 段蕾、康沛竹：《走向社会主义生态文明新时代——论习近平生态文明思想的背景、内涵与意义》,《科学社会主义》2016 年第 2 期。

［92］ 冯斐等：《经济增长、区域环境污染与环境规制的有效性——基于京津冀地区的实证分析》,《资源科学》2020 年第 12 期。

［93］ 冯相昭：《积极探索大气污染物与温室气体协同减排》,《中国能源报》2020 年 12 月 21 日。

［94］ 高世楫、李佐军：《建设生态文明 推进绿色发展》,《中国社会科学》2018 年第 9 期。

［95］ 高纹、杨昕：《经济增长与大气污染——基于城市面板数据的连立方程估计》,《南京审计大学学报》2019 年第 2 期。

［96］ 郭峰、石庆玲：《官员更替、合谋震慑与空气质量的临时性改善》,《经济研究》2017 年第 7 期。

［97］ 国家发展改革委外事司：《德国生态税改革见成效》,《中国经贸导刊》2004 年第 11 期。

［98］ 国家环境保护总局、国家统计局：《中国绿色国民经济核算研究报告

2004》(公众版),2006 年。

[99]　郝就笑、孙瑜晨:《走向智慧型治理:环境治理模式的变迁研究》,《南京工业大学学报(社会科学版)》2019 年第 5 期。

[100]　赫永达、刘智超等:《能源强度视角下中国"环境库兹涅茨曲线"的一个新解释》,《河北经贸大学学报》2017 年第 3 期。

[101]　何爱平、安梦天:《地方政府竞争、环境规制与绿色发展效率》,《中国人口·资源与环境》2019 年第 3 期。

[102]　何春、苏兆荣:《技术进步、经济增长与环境治理的系统关联与协同优化——基于辽宁省联立方程的实证分析》,《管理现代化》2016 年第 6 期。

[103]　胡鞍钢、周绍杰:《绿色发展:功能界定、机制分析与发展战略》,《中国人口·资源与环境》2014 年第 1 期。

[104]　胡冰、王晓芳:《我国环境投入、经济增长与碳排放的关系探究——基于省际门槛面板模型》,《财经论丛》2018 年第 5 期。

[105]　胡美娟等:《长三角城市经济增长与资源环境压力的脱钩效应》,《世界地理研究》2022 年第 3 期。

[106]　黄茂兴、林寿富:《污染损害、环境管理与经济可持续增长——基于五部门内生经济增长模型的分析》,《经济研究》2013 年第 12 期。

[107]　黄寿峰:《财政分权对中国雾霾影响的研究》,《世界经济》2017 年第 12 期。

[108]　纪玉俊、刘金梦:《产业集聚的增长与环境双重效应:分离和混合下的测度》,《人文杂志》2018 年第 4 期。

[109]　贾丽丽、王佳等:《基于 VAR 模型的工业经济发展与环境污染关系研究》,《工业技术经济》2017 年第 2 期。

[110]　蒋金荷、马露露:《我国环境治理 70 年回顾和展望:生态文明的视角》,《重庆理工大学学报(社会科学)》2019 年第 12 期。

[111]　金春雨、吴安兵:《工业经济结构、经济增长对环境污染的非线性影响》,《中国人口·资源与环境》2017 年第 10 期。

［112］ 金培:《关于"高质量发展"的经济学研究》,《中国工业经济》2018年第4期。

［113］ 金碚:《高质量发展的经济学新思维》,《中国社会科学》2018年第9期。

［114］ 李凯风、王婕:《金融集聚、产业结构与环境污染——基于中国省域空间计量分析》,《工业技术经济》2017年第3期。

［115］ 李强:《德国加快能源绿色转型》,《人民日报》2020年12月1日。

［116］ 李溪:《国外绿色金融政策及其借鉴》,《苏州大学学报》2011年第6期。

［117］ 李晓萍、张亿军、江飞涛:《绿色产业政策:理论演进与中国实践》,《财经研究》2019年第8期。

［118］ 李玉祥:《习近平生态文明思想的理论内涵与实践路径研究》,《北京林业大学学报(社会科学版)》2021年第1期。

［119］ 李政大等:《基于公众参与的中国绿色共治实现路径研究》,《现代财经(天津财经大学学报)》2021年第6期。

［120］ 林伯强、刘泓汛:《对外贸易是否有利于提高能源环境效率—以中国工业行业为例》,《经济研究》2015年第9期。

［121］ 林绿等:《德国和美国能源转型政策创新及对我国的启示》,《环境保护》2017年第19期。

［122］ 刘晨跃、徐盈之:《中国碳生产率演绎的驱动因素研究——基于细分行业视角》,《中国地质大学学报(社会科学版)》2016年第4期。

［123］ 刘桂环:《探索中国特色生态补偿制度体系》,《中国环境报》2019年12月17日。

［124］ 刘培林:《中国碳排放展望:绿色治理孕育高质量增长点》,《重庆理工大学学报(社会科学)》2017年第7期。

［125］ 刘治彦:《习近平总书记的绿色治理观》,《人民论坛》2017年第25期。

［126］ 陆贤伟:《低碳试点政策实施效果研究——基于合成控制法的证据》,《软科学》2017 年第 11 期。

［127］ 陆小成:《京津冀生态环境联建联防联治机制研究》,《理论与现代化》2019 年第 3 期。

［128］ 吕明元:《构建生态型产业结构,促天津经济高质量绿色发展》,《天津日报》2018 年 6 月 25 日。

［129］ ［德］马克思:《1844 年经济学哲学手稿》,人民出版社,2014。

［130］ 马树才、李国柱:《中国经济增长与环境污染关系的 Kuznets 曲线》,《统计研究》2006 年第 8 期。

［131］ 冒佩华、严金强:《全球变化背景下的可持续发展》,《学术月刊》2014 年第 7 期。

［132］ 南开大学绿色治理准则课题组、李维安:《〈绿色治理准则〉及其解说》,《南开管理评论》2017 年第 5 期。

［133］ 聂国良、张成福:《中国环境治理改革与创新》,《公共管理与政策评论》2020 年第 1 期。

［134］ 牛桂敏:《天津市绿色循环低碳发展的分析与思考》,《城市环境与城市生态》2013 年第 6 期。

［135］ 牛文元:《中国可持续发展总论》,科学出版社,2007。

［136］ 牛文元:《中国可持续发展的理论与实践》,《中国科学院院刊》2012 年第 3 期。

［137］ 牛文元:《可持续发展理论的内涵认知——纪念联合国里约环发大会 20 周年》,《中国人口·资源与环境》2012 年第 5 期。

［138］ 潘加军、刘焕明:《环境保护理念:历史演进、创新发展与实践路径》,《求索》2019 年第 4 期。

［139］ 齐绍洲、林屾、王班班:《中部六省经济增长方式对区域碳排放的影响——基于 Tapio 脱钩模型、面板数据的滞后期工具变量法的研究》,《中国人口·资源与环境》2015 年第 5 期。

［140］　齐亚伟:《中国区域经济增长、碳排放的脱钩效应与重心转移轨迹分析》,《现代财经(天津财经大学学报)》2018 年第 5 期。

［141］　秦宇、李钢:《经济学人对改革开放 40 年成就与问题的判断——基于〈中国经济学人〉调查问卷的分析》,《经济与管理研究》2018 年第 11 期。

［142］　曲建莹、李科:《工业增长与二氧化碳排放"脱钩"的测算与分析》,《西安交通大学学报(社会科学版)》2019 年第 5 期。

［143］　曲洁、杨宁等:《德国复兴信贷银行发展绿色金融的经验与启示》,《中国经贸导刊》2019 年第 11 期。

［144］　冉连:《1949—2020 我国政府绿色治理政策文本分析:变迁逻辑与基本经验》,《深圳大学学报(人文社会科学版)》2020 年第 4 期。

［145］　任雪:《长江经济带经济增长对雾霾污染的门槛效应分析》,《统计与决策》2018 年第 20 期。

［146］　人民日报评论员:《新时代推进生态文明建设的重要遵循》,《人民日报》2018 年 5 月 20 日。

［147］　舒绍福:《绿色发展的环境政策革新:国际镜鉴与启示》,《改革》2016 年第 3 期。

［148］　生态环境部环境规划院气候变化与环境政策研究中心:《中国城市二氧化碳和大气污染协同管理评估报告》,2020 年 11 月。

［149］　石大千、丁海、卫平等:《智慧城市建设能否降低环境污染》,《中国工业经济》2018 年第 6 期。

［150］　世界环境与发展委员会著,王之佳等译:《我们共同的未来》,吉林人民出版社,1997。

［151］　史云贵、刘晓燕:《绿色治理:概念内涵、研究现状与未来展望》,《兰州大学学报(社会科学版)》2019 年第 3 期。

［152］　宋弘、孙雅洁、陈登科:《政府空气污染治理效应评估——来自中国"低碳城市"建设的经验研究》,《管理世界》2019 年第 6 期。

［153］　宋锋华:《经济增长、大气污染与环境库兹涅茨曲线》,《宏观经济研

究》2017 年第 2 期。

［154］ 隋建利等:《中国工业经济增长与工业污染的内在关联机制测度》,《资源科学》2018 年第 4 期。

［155］ 孙林、周科选:《中国低碳试点政策对外商直接投资质量影响研究——来自"低碳城市"建设的准自然实验证据》,《东南学术》2020 年第 4 期。

［156］ 孙攀、吴玉鸣等:《经济增长与雾霾污染治理:空间环境库兹涅茨曲线检验》,《南方经济》2019 年第 12 期。

［157］ 孙永平:《习近平生态文明思想对环境经济学的理论贡献》,《南京社会科学》2019 年第 3 期。

［158］ 谌杨:《论中国环境多元共治体系中的制衡逻辑》,《中国人口·资源与环境》2020 年第 6 期。

［159］ 涂爽、徐芳:《农业经济增长与农业环境污染——基于空间效应的分析》,《农村经济》2020 年第 8 期。

［160］ 王凤婷、方恺等:《京津冀产业能源碳排放与经济增长脱钩弹性及驱动因素——基于 Tapio 脱钩和 LMDI 模型的实证》,《工业技术经济》2019 年第 8 期。

［161］ 王汉杰、刘健文:《全球变化与人类适应》,中国林业出版社 2008 年版。

［162］ 王涵宇等:《德国推进碳中和的路径及对中国的启示》,《可持续发展经济导刊》2021 年第 3 期。

［163］ 王杰、李治国等:《金砖国家碳排放与经济增长脱钩弹性及驱动因素——基于 Tapio 脱钩和 LMDI 模型的分析》,《世界地理研究》2021 年第 3 期。

［164］ 王敏、黄滢:《中国的环境污染与经济增长》,《经济学季刊》2015 年第 2 期。

［165］ 王群勇、陆凤芝:《环境规制能否助推中国经济高质量发展? ——基于省级面板数据的实证检验》,《郑州大学学报(哲学社会科学版)》2018 年第 11 期。

［166］ 王茹:《系统论视角下的"十四五"环境治理机遇、挑战与路径选择》,《天津社会科学》2021 年第 1 期。

［167］ 王思博、李冬冬等:《新中国 70 年生态环境保护实践进展:由污染治理向生态补偿的演变》,《当代经济管理》2021 年第 6 期。

［168］ 王帅:《中国能源使用绿色化、碳排放与经济增长的关系研究》,《软科学》2020 年第 10 期。

［169］ 王星:《雾霾与经济发展——基于脱钩与 EKC 理论的实证分析》,《兰州学刊》2015 年第 12 期。

［170］ 王旭、秦书生:《习近平生态文明思想的环境治理现代化视角阐释》,《重庆大学学报(社会科学版)》2021 年第 1 期。

［171］ 王雯、李春根:《新时代我国多元环境共治体系的框架建构与政策优化——基于政策网络理论的分析》,《经济研究参考》2020 年第 15 期。

［172］ 王勇等:《中国环境质量拐点:基于 EKC 的实证判断》,《中国人口·资源与环境》2016 年第 10 期。

［173］ 王元聪、陈辉:《从绿色发展到绿色治理:观念嬗变、转型理据与策略甄选》,《四川大学学报(哲学社会科学版)》2019 年第 3 期。

［174］ 魏婷婷:《增长的极限》,《中国绿色时报》2010 年 10 月 29 日。

［175］ 吴雪萍、高明等:《基于半参数空间模型的空气污染与经济增长关系再检验》,《统计研究》2018 年第 8 期。

［176］ 夏会会、丁镭等:《1996—2013 年长江经济带工业发展过程中的大气环境污染效应》,《长江流域资源与环境》2017 年第 7 期。

［177］ 夏勇、胡雅蓓:《经济增长与环境污染脱钩的因果链分解及内外部成因研究——来自中国 3 个省份的工业 SO_2 排放数据》,《产业经济研究》2017 年第 5 期。

［178］ 谢波、项成:《财政分权、环境污染与地区经济增长——基于 112 个地级市面板数据的实证计量》,《软科学》2016 年第 11 期。

［179］ 谢谋盛、刘伟明等:《长江中游城市群环境污染与经济增长关系的实

证分析》,《江西社会科学》2019 年第 1 期。

　　[180]　谢来辉:《德国的生态税改革及其效果》,《中国气象报》2006 年 5 月 23 日。

　　[181]　谢飞:《德国能源转型并不轻松》,《经济日报》2019 年 1 月 9 日。

　　[182]　谢妍:《完善绿色发展的财政支持政策》,《中国财政》2014 年第 20 期。

　　[183]　解振华、潘家华:《中国的绿色发展之路》,外文出版社,2018。

　　[184]　熊广勤、石大千、李美娜:《低碳城市试点对企业绿色技术创新的影响》,《科研管理》2020 年第 12 期。

　　[185]　徐辉、韦斌杰等:《经济增长、环境污染与环保投资的内生性研究》,《经济问题探索》2018 年第 10 期。

　　[186]　徐现祥、李书娟:《政治资源与环境污染》,《经济学报》2015 年第 1 期。

　　[187]　徐新良、张亚庆:《中国气象背景数据集》,中国科学院资源环境科学数据中心数据注册与出版系统(http://www.resdc.cn/DOI), 2017. DOI: 10.12078/2017121301。

　　[188]　杨立华、刘宏福:《绿色治理:建设美丽中国的必由之路》,《中国行政管理》2014 年第 11 期。

　　[189]　杨肃昌、马肃琳:《城市经济增长对空气质量的影响——基于省会城市面板数据的分析》,《城市问题》2015 年第 12 期。

　　[190]　叶琪、黄茂兴:《习近平生态文明思想的深刻内涵和时代价值》,《当代经济研究》2021 年第 5 期。

　　[191]　余颖、刘耀彬:《国外绿色发展制度演化的历史脉络及启示》,《长江流域资源与环境》2018 年第 7 期。

　　[192]　苑琳、崔煊岳:《政府绿色治理创新:内涵、形势与战略选择》,《中国行政管理》2016 年第 11 期。

　　[193]　袁润松、丰超、王苗等:《技术创新、技术差距与中国区域绿色发展》,

《科学学研究》2016 年第 10 期。

[194] 袁晓玲等:《改革开放 40 年中国经济发展与环境治理的关系分析》,《西安交通大学学报(社会科学版)》2018 年第 11 期。

[195] 乐爱国:《朱熹〈中庸章句〉对"赞天地之化育"的诠释——一种以人与自然和谐为中心的生态观》,《西南大学学报(社会科学版)》2013 年第 6 期。

[196] 臧宏宽等:《京津冀城市群二氧化碳排放达峰研究》,《环境工程》2020 年第 11 期。

[197] 臧学英:《坚持绿色发展是推动天津经济实现高质量发展的金钥匙》,《城市》2018 年第 7 期。

[198] 邹庆、陈迅、吕俊娜:《经济与环境协调发展的模型分析与计量检验》,《科研管理》2014 年第 12 期。

[199] 詹国彬、陈健鹏:《走向环境治理的多元共治模式:现实挑战与路径选择》,《政治学研究》2020 年第 2 期。

[200] 詹新宇、曾傅雯:《经济竞争、环境污染与高质量发展:234 个地级市例证》,《改革》2019 年第 10 期。

[201] 张博、蔡连国:《地方政府绿色治理的逻辑结构与行动路径》,《行政论坛》2018 年第 6 期。

[202] 张红凤、周峰、杨慧:《环境保护与经济发展双赢的规制绩效实证分析》,《经济研究》2009 年第 3 期。

[203] 张华:《低碳城市试点政策能够降低碳排放吗? ——来自准自然实验的证据》,《经济管理》2020 年第 6 期。

[204] 张晋玮:《集聚外部性对城市环境库兹涅茨曲线的影响研究》,《新疆社会科学》2021 年第 1 期。

[205] 张军扩等:《高质量发展的目标要求和战略路径》,《管理世界》2019 年第 9 期。

[206] 张立、尤瑜:《中国环境经济政策的演进过程与治理逻辑》,《华东经济管理》2019 年第 7 期。

［207］ 张丽娟、刘亚坤:《日本制定绿色发展战略 到 2050 年实现碳中和》,《科技中国》2021 年第 5 期。

［208］ 张娜、李小胜:《中国经济增长与二氧化碳排放的平滑转换研究》,《统计与决策》2018 年第 22 期。

［209］ 张英奎、王菲菲、李宪赢:《江苏省经济增长与工业环境污染的关系研究》,《环境保护》2017 年第 18 期。

［210］ 张跃胜:《环境治理投资与经济增长:理论与经验研究》,《华东经济管理》2016 年第 9 期。

［211］ 赵慧卿、李青玉:《2030 年 CO_2 排放地区分配及对经济增长的影响研究》,《云南财经大学学报》2018 年第 11 期。

［212］ 赵剑波、史丹、邓洲:《高质量发展的内涵研究》,《经济与管理研究》2019 年第 11 期。

［213］ 赵建永:《道法自然的智慧:人与自然和谐共生的关系》,《光明日报》2016 年 12 月 14 日。

［214］ 赵璟、李颖等:《中国经济增长对环境污染的影响——基于三类污染物的省域数据空间面板分析》,《城市问题》2019 年第 8 期。

［215］ 赵连君:《"美好生活"的价值意涵》,《新长征》2021 年第 5 期。

［216］ 赵涛、田莉、许宪硕:《天津市工业部门碳排放强度研究:基于 LMDI – Attribution 分析方法》,《中国人口·资源与环境》2015 年第 7 期。

［217］ 赵小雨:《中国绿色增长效率评价及影响因素分析》,武汉大学博士学位论文,2018。

［218］ 中共中央马克思恩格斯列宁斯大林著作编译局编译:《马克思恩格斯全集》(第二十卷),人民出版社,1971。

［219］ 中共生态环境部党组:《以习近平生态文明思想为指导坚决打好打胜污染防治攻坚战》,《求是》2018 年第 12 期。

［220］ 中华人民共和国环境部:《2020 中国生态环境状况公报》,2021 年 5 月。

［221］ 中国科学院武汉文献情报中心研究组:《世界主要经济体能源战略布局与能源科技改革》,《中国科学院院刊》2021 年第 1 期。

［222］ 钟昌标、胡大猛、黄远浙:《低碳试点政策的绿色创新效应评估——来自中国上市公司数据的实证研究》,《科技进步与对策》2020 年第 19 期。

［223］ 周纳、董璐等:《碳排放、经济增长与可持续发展关系的实在》,《统计与决策》2019 年第 18 期。

［224］ 周茜:《中国经济增长对环境质量的互动效应研究》,《统计与决策》2019 年第 1 期。

［225］ 周廷芳:《内蒙古绿色发展的路径与对策》,《前沿》2018 年第 4 期。

［226］ 周伟、米红:《中国碳排放:国际比较与减排战略》,《资源科学》2010 年第 8 期。

［227］ 周亚敏:《全球价值链中的绿色治理——南北国家的地位调整与关系重塑》,《外交评论(外交学院学报)》2019 年第 1 期。

［228］ 周源、张晓东等:《绿色治理规制下的产业发展与环境绩效》,《中国人口·资源与环境》2018 年第 9 期。

［229］ 周正柱、刘庆波等:《经济增长与工业环境污染关系的环境库兹涅茨曲线检验——基于长江经济带省域的面板计量模型》,《南京工业大学学报(社会科学版)》2019 年第 2 期。